INVENTAIRE
V.12,980

12980

SUR L'ÉQUILIBRE

DES

CORPS FLOTTANTS,

THÈSE DE MÉCANIQUE

présentée et soutenue devant la Faculté des sciences de Lyon,

le 5 octobre 1837,

PAR M. AUGUSTE BRAVAIS,

OFFICIER DE MARINE,
ANCIEN ÉLÈVE DE L'ÉCOLE POLYTECHNIQUE.

PARIS,

CHEZ ARTHUS BERTRAND, LIBRAIRE-ÉDITEUR,
LIBRAIRE DE LA SOCIÉTÉ DE GÉOGRAPHIE,
RUE HAUTEFEUILLE, 23.

1840.

IMPRIMERIE DE L. BOUCHARD-HUZARD,
rue de l'Éperon, 7.

A M. LE BARON TUPINIER,

DIRECTEUR DES PORTS, MEMBRE DU CONSEIL DE L'AMIRAUTÉ, CONSEILLER D'ÉTAT,
GRAND OFFICIER DE L'ORDRE ROYAL DE LA LÉGION D'HONNEUR,
MEMBRE DE LA CHAMBRE DES DÉPUTÉS, ETC.

Hommage du respectueux dévouement de l'auteur.

SUR L'ÉQUILIBRE

DES CORPS FLOTTANTS.

La question de la stabilité des bâtiments a été traitée par de grands géomètres ; mais le but des auteurs dont les ouvrages sont entre nos mains était d'appliquer leurs principes à la construction et à l'arrimage des vaisseaux, et dès lors ils devaient se contenter d'approfondir ce qui intéressait d'une manière directe cette partie importante de l'Hydrostatique. Il est peut-être possible d'envisager cette question sous un point de vue plus général, et tel est l'objet que nous avons eu en vue dans ce mémoire : cette théorie nous paraîtrait même en entier assez simple et assez importante pour trouver accès dans un cours de Mécanique générale.

Le navire, étant symétrique relativement à un plan vertical, se trouve n'être qu'un cas particulier du *flotteur quelconque*, et tant que l'on considère les petites inclinaisons du vaisseau autour d'un axe horizontal normal au plan de symétrie, les résultats obtenus sont tout à fait spéciaux et plus simples que pour un flotteur de forme arbitraire ; mais si, au lieu de cette espèce de mouvements ou mouvements de *tangage*, nous venons à considérer ceux qui s'exécutent autour de l'axe horizontal situé dans le plan diamétral, mouvements si connus sous le nom de *roulis*, ils ne différeront plus de ceux auxquels peut être soumis un flotteur quelconque : il en sera de même pour les mouvements autour des axes horizontaux intermédiaires. Nous pouvons donc, sans que la théorie perde de sa généralité et pour mieux fixer les idées, prendre pour objet d'étude le flotteur à deux moitiés symétriques.

Lorsqu'un corps flottant est dans sa position d'équilibre, on nomme *section d'eau* ou *flottaison* l'espace plan et fermé que détermine dans le corps une section horizontale faite suivant la surface supérieure du liquide ; on nomme *carène* ou *creux* tout le volume submergé et, par suite, situé en dessous de la flottaison. Dans le cas le plus général, la flottaison peut se composer de portions de surfaces planes totalement distinctes et séparées les unes des autres ; il peut en être de même pour la carène : c'est ce qui arriverait, par exemple, dans le cas de deux vaisseaux liés l'un à l'autre hors de l'eau d'une manière invariable, et formant un système de flotteur unique : ces cas divers ne sauraient altérer en rien la généralité des résultats que nous devons obtenir. Le contour linéaire qui enceint la flottaison ou les diverses parties qui la composent se nomme *ligne de flottaison* ou *ligne d'eau*.

Tout corps flottant est sollicité par deux forces : l'une, agissant de haut en bas, passant par le centre de gravité du flotteur, est le poids même de ce corps; l'autre est la poussée verticale du fluide, passant par le centre du volume de la partie déplacée, égale au poids de ce volume de liquide et agissant de bas en haut : l'équilibre existe si ces forces sont égales et directement contraires. Si ces forces sont exactement contraires, mais non égales, il en résulte une force unique tendant à élever ou à abaisser le flotteur; si ces forces, étant égales, cessaient d'être directement opposées, il en résulterait un mouvement tendant à faire pirouetter le flotteur autour de son centre. C'est ce cas que nous nous proposons d'examiner, et nous concevrons qu'on donne au corps des positions successives dans le liquide telles que la carène garde sans cesse le même volume, ce volume étant précisément celui du liquide nécessaire pour égaler en poids le poids même du flotteur.

§ Ier. *Des centres de carène.*

Soit donc (fig. 1) PQR le flotteur, soit $manb$ sa ligne de flottaison, soit c le centre de gravité de la surface $manb$ ou de la flottaison, soit C le centre de gravité du volume immergé mQPn ou de la carène; ces points se désignent ordinairement sous les noms plus simples de *centre de flottaison* et de *centre de carène*. Pour fixer les idées, nous pouvons admettre que, dans cette position, le flotteur est en équilibre, son centre de gravité G se trouvant placé quelque part sur la verticale menée par le point C. Du reste, la considération du centre de gravité G sera tout à fait inutile dans nos premiers paragraphes, lesquels renferment des questions pour ainsi dire purement géométriques.

Inclinons le flotteur d'une quantité angulaire infiniment petite, et de telle sorte que la carène conserve le même volume; le nouveau plan de flottaison $m'n'$ coupera l'ancien plan suivant une droite ab, qui peut être considérée comme la charnière autour de laquelle a eu lieu la rotation du corps. Les deux onglets $abmm'$, $abnn'$ devant être de même volume, il en résulte que cette charnière horizontale ab doit contenir le centre de flottaison c. En effet, prenons cette ligne ab pour axe des x, et menons-lui par le centre c, situé ou non situé sur ab, la normale horizontale mcn que nous prendrons pour axe des y, soit θ l'angle très-petit dont on a incliné le flotteur, ou l'angle dièdre compris entre les deux plans successifs de flottaison, soit λ la surface de la première flottaison, et $d\lambda$ un des éléments rectangulaires de cette surface, ayant pour valeur $dx \times dy$.

Pour avoir le volume de l'onglet $mabm'$, formons la somme de tous les petits cylindres verticaux ayant chacun pour base un des éléments de la flottaison, et pour hauteur la verticale interceptée entre les deux plans de flottaison; il est évident que la hauteur de ce cylindre différentiel sera égale à $y \tang \theta$, ou plus simplement à θy, et l'on aura pour la somme de tous ces petits cylindres $\int \theta y d\lambda = \theta \int y d\lambda$, en étendant l'intégrale à toute la demi-flottaison *amb*. Quant à l'espace annulaire compris entre le cylindre vertical ayant pour base la même ligne de flottaison et entre la paroi du flotteur, il nous est permis de le négliger, vu que c'est un infiniment petit du second ordre. On aura une expression analogue pour l'onglet dont la demi-flottaison *anb* forme la base; mais cette expression sera affectée du signe —, à cause du signe négatif des *y*. Ces deux volumes devant être égaux, la somme des deux intégrales sera nulle, et nous aurons $\theta \int y d\lambda = 0$, en ayant soin de considérer cette intégrale définie comme étendue à la surface entière de la flottaison. Or, y' étant l'ordonnée du centre de flottaison, on a, par une propriété connue, $\int y d\lambda = y' \lambda$; donc $y' = 0$ (1),

c'est-à-dire que le centre de flottaison est nécessairement sur la ligne *ab*, qui est notre axe des x. Ainsi, « pour incliner le corps sans altérer le vo-
« lume de la carène, il faut prendre pour axe de rotation une horizontale
« quelconque, mais passant par le centre de la flottaison. »

Dans ce mouvement, le centre de la nouvelle carène a changé de place relativement au flotteur. Soit C' le nouveau centre : nous nommerons x_1, y_1, z_1 les coordonnées du centre de carène C rapportées au centre de flottaison *c* pris pour origine, aux axes des x et des y, et à un axe des z vertical : ces axes suivent le flotteur dans ses mouvements. Nous emploierons dorénavant la notation δ pour indiquer les variations qui ont lieu dans le passage d'un élément à l'élément qui en est l'*analogue* pour une autre position infiniment voisine du flotteur, et nous réserverons la lettre d pour les cas de passage d'un point à un point voisin dans le flotteur supposé immobile. Ainsi $x_1 + \delta x_1, y_1 + \delta y_1, z_1 + \delta z_1$, représenteront les coordonnées du nouveau centre de carène C' relatif à la deuxième position du flotteur.

En vertu de l'onglet ajouté du côté des y positives et de l'onglet retranché du côté des y négatives, les moments de la carène sont altérés précisément d'une quantité égale à la différence des moments des onglets. Ainsi on aura, pour la variation du moment $\int x dV$ relatif aux yz, V étant le volume immergé,

$$\delta(\int x dV) = \int x d(abmm') - \int x d(abnn'),$$

chacune de ces intégrales étant relative à l'un des deux onglets. Il en sera de même pour $\delta(\int y dV)$ et pour $\delta(\int z dV)$. Mais les moments de la carène ayant aussi pour valeur les produits Vx_1, Vy_1, Vz_1, dont les variations sont $V\delta x_1, V\delta y_1, V\delta z_1$, à cause de l'invariabilité de V, on pourra égaler deux à deux ces expressions, et il viendra de la sorte :

$$\begin{aligned} V\delta x_1 &= \int x d(abmm') - \int x d(abnn') \\ V\delta y_1 &= \int y d(abmm') - \int y d(abnn') \quad\quad (2). \\ V\delta z_1 &= \int z d(abmm') - \int z d(abnn'). \end{aligned}$$

(8)

Occupons-nous d'abord de $V \delta z_i$. Les deux intégrales de son second membre sont des quantités infiniment petites du second ordre, ce qui annule la *variation de premier ordre* de l'ordonnée z_i. Ce résultat serait encore plus évident si l'origine des coordonnées était en C : car nommant Z l'ordonnée verticale de c, ou sa hauteur au-dessus de C, il viendrait

$$V \delta z_i = Z (\text{vol. } abmm') - Z (\text{vol. } abnn') = 0, \quad \delta z_i = 0 \qquad (3),$$

en négligeant les quantités du second ordre.

Si maintenant l'on observe que la variation complète de z_i, que nous appellerons pour le moment Δz_i, est une expression de la forme . . . . $\delta z_i + \frac{1}{2} \delta^2 z_i + \frac{1}{2 \cdot 3} \delta^3 z_i + $ etc., nous serons conduits à rechercher la variation $\delta^2 z_i$. Or chacun des petits cylindres ayant θy pour hauteur et $d \lambda$ pour base a un moment relatif au plan des xy, et dont la valeur est représentée par son volume multiplié par la moitié de sa hauteur, de sorte que le moment différentiel sera $\theta y d \lambda \times \frac{1}{2} \theta y = \frac{1}{2} \theta^2 y^2 d \lambda$. Les moments des onglets seront donc de la forme $\frac{1}{2} \theta^2 \int y^2 d \lambda$ et $-\frac{1}{2} \theta^2 \int y^2 d \lambda$, le second étant affecté du signe —, à cause de la valeur négative de l'ordonnée z dans l'intégrale $\int z d \cdot (abnn')$. On trouve de la sorte

$$V \Delta z_i = \tfrac{1}{2} V \delta^2 z_i = \tfrac{1}{2} \theta^2 \int y^2 d \lambda : \quad \text{donc enfin} \quad \delta^2 z_i = \frac{\theta^2 \int y^2 d \lambda}{V} \qquad (4).$$

L'intégrale $\int y^2 d \lambda$ doit être prise dans toute l'étendue de la flottaison.

A mesure que l'on augmente par degrés successifs l'inclinaison θ du flotteur, le centre de carène C continue à se déplacer, et il occupe les positions C', C'', etc., l'inclinaison étant toujours censée avoir lieu dans le même sens. De là résulte une courbe qui embrasse tous les centres de carène relatifs aux inclinaisons dans ce sens. Si, dès le principe, on eût fait commencer dans un sens différent la rotation du flotteur, on eût obtenu une nouvelle courbe passant également par le point C : la réunion de toutes ces courbes forme une surface qui renferme les centres de toutes les carènes successives ; c'est la *surface des centres de carène*. Puisque l'on a $\delta z_i = 0$, pour une courbe quelconque passant par C, et que $\delta z_i = p \delta x_i + q \delta y_i$ peut représenter l'équation différentielle de cette surface, p et q étant les coefficients différentiels de z_i, il est facile d'en conclure $p = 0$, $q = 0$: ainsi le plan tangent est parallèle aux xy, et par suite horizontal. Donc, « pour une position quelconque du flotteur, la verticale « élevée par son centre de carène, et indiquant la poussée ascendante du « fluide, est précisément normale à la surface des centres de carène. »

Occupons-nous maintenant des variations δy_i, δx_i, qui achèveront de fixer la position du nouveau centre de carène C'.

Le moment de chaque petit cylindre différentiel, dont le volume est représenté par $\theta y d \lambda$, s'obtiendra en multipliant ce volume par x ou par y, selon qu'on cherche les moments relatifs aux plans des yz ou des xz. Si, de plus, nous observons que, pour prendre négativement le moment de l'un des petits cylindres de l'onglet $abnn'$, il suffit de conserver le signe de y dans l'expression $\theta y d\lambda$, nous trouvons que le second membre de la première des équations (2) prend la forme $\theta\int xy\,d\lambda + \theta\int xy\,d\lambda$, que l'on exprimera plus simplement par $\theta\int xy\,d\lambda$, cette dernière intégrale étant relative à toute la flottaison. On obtient de la sorte :

$$\delta x_1 = \theta \cdot \frac{\int xy\,d\lambda}{V} \quad (5). \qquad \delta y_1 = \theta \cdot \frac{\int y^2\,d\lambda}{V} \quad (6).$$

On voit que nous continuons à négliger l'espace annulaire compris entre la paroi du flotteur vers la flottaison et le cylindre vertical ayant cette flottaison pour base.

Nous aurons occasion de revenir plus tard sur les variations de second ordre $\delta^2 x_1$, $\delta^2 y_1$: en conséquence, nous ne nous y arrêterons point ici.

L'intégrale $\int y^2\,d\lambda$ est le *moment d'inertie* de la surface de la flottaison, relativement à la ligne ab; c'est ce qu'Euler appelle le *moment de la section d'eau*, et que M. Poisson, dans son Hydrostatique, représente par la lettre γ. Si l'on observe que $d\lambda = dx\,dy$, on peut aussi la mettre sous la forme $\iint y^2\,dx\,dy = \frac{1}{3}\int y^3\,dx$, puisqu'il faut intégrer de $y=0$ à $y=y$ pour chaque demi-flottaison. Dans le cas du roulis, ab est un diamètre, le moment de chaque demi-flottaison est le même, et l'intégrale devient $\frac{2}{3}\int_{AR}^{AV} y^3\,dx$, les signes AR, AV indiquant que l'intégrale est prise de l'arrière à l'avant, y représentant les demi-longueurs transverses, et dx chacun des petits intervalles suivant lesquels on a divisé l'axe longitudinal de la flottaison : c'est sous cette forme que l'emploie Bouguer, et qu'elle est usitée dans les calculs de construction navale.

On sait qu'il existe deux *moments principaux* rectangulaires entre eux. Dans le cas du navire, l'axe longitudinal de la flottaison, étant un diamètre, est nécessairement un *axe principal*, et par suite la normale à cette ligne ou l'axe transversal sera le second de ces deux axes principaux. Ces axes principaux se reconnaissent à la valeur nulle que prend alors l'intégrale $\int xy\,d\lambda$: l'on aura donc, dans ce cas, $\delta x_1 = 0$, et par suite le point C, en se déplaçant suivant l'élément CC', décrira une ligne non-seulement horizontale, mais même parallèle à l'axe des y.

S'il s'agit d'une inclinaison de tangage, l'axe longitudinal de la nouvelle flottaison $m'n'$ sera encore un axe principal situé dans le plan diamétral du navire, et deviendra, à son tour, axe des y pour cette nouvelle position : le nouveau déplacement C'C" sera donc parallèle à ce nouvel axe des y. La série formée par les axes consécutifs des y restant constamment dans le plan diamétral du navire, la courbe CC'C" sera une courbe plane située en entier dans ce même plan.

Considérons maintenant le cas du roulis. Pour le premier point voisin de C, C' par exemple, on a, il est vrai, $\int xy\, d\lambda = 0$, d'où $\delta x_1 = 0$, et par suite CC' est bien parallèle à l'axe des y ; mais la nouvelle flottaison cesse d'avoir une forme symétrique, le nouvel axe des y cesse d'être un axe principal, et par suite δx_1 cesse aussi d'être nul : ainsi la courbe des centres de carène, au lieu de rester alors dans un plan parallèle aux yz, devient une courbe à double courbure.

A plus forte raison, dans les inclinaisons obliques, les courbes formées par les centres successifs sont-elles, en général, des courbes à double courbure.

On voit, par cette discussion, que la surface des centres de carène est incluse plus ou moins dans le flotteur, convexe dans toutes ses parties et tournant vers le bas sa convexité, séparée par le plan diamétral du navire en deux moitiés symétriques, enfin coupée par ce plan suivant la courbe des *centres de carène de tangage*.

Considérons maintenant les deux normales à la surface, l'une au point C, l'autre au point C'; la normale en C' doit être perpendiculaire au second plan de flottaison $am'bn'$, et par suite parallèle au plan des yz; la normale en C est aussi parallèle à ce même plan. Si donc on a $\delta x_1 = 0$, et si l'élément CC' est parallèle à ce plan, il est certain que les deux normales se couperont : elles ne sauraient se couper dans le cas contraire. Il n'est donc pas étonnant que les normales se coupent l'une l'autre tout le long de la courbe des centres de tangage, puisque là nous avons constamment $\delta x_1 = 0$.

Il n'en est plus de même pour les intersections relatives au roulis, et l'intersection n'a lieu que pour les deux premières normales. Dans le cas général des inclinaisons intermédiaires, les normales ne se coupent point; mais elles ont une distance *minimum* précisément égale à $\delta x_1 = \theta \dfrac{\int xy\, d\lambda}{V}$.

On sait, par la théorie des surfaces courbes, qu'il existe sur toute surface deux systèmes de lignes rectangulaires entre elles et remarquables en ce que tous les points successifs de ces lignes fournissent des normales qui coupent la normale infiniment voisine. Ces lignes sont connues sous le nom de *lignes de courbure*; elles existent sur la surface des centres de chaque carène, et « en chaque point de la carène, les directions des tangentes aux deux lignes « de courbure sont les mêmes que celles des deux axes principaux du plan de « flottaison parallèle au plan tangent. »

On nomme *métacentre* le point où deux normales très-voisines vont se couper, dans les inclinaisons de tangage ou de roulis.

Il est facile maintenant d'obtenir les *centres* et *rayons de courbure* des courbes des centres de carène. Considérons d'abord le cas le plus simple, où la courbe CC'C'' est une courbe plane, ce qui a lieu pour le tangage.

L'angle formé par deux éléments consécutifs CC', C'C" est égal évidemment à l'angle infiniment petit θ, qui mesure l'inclinaison du flotteur; car, dans la rotation du flotteur, chaque élément passe successivement par l'horizontalité : θ est donc la mesure de *l'angle de contingence*, de même que δy est la mesure de l'élément de l'arc de la courbe.

Désignons par s le rayon de courbure, dont la valeur doit égaler le quotient de la différentielle de l'arc par l'angle de contingence. Nous aurons, à cause de la valeur connue de δy_1,
$$s = \frac{\int y^2 d\lambda}{V} \quad (7).$$

La suite des métacentres forme la *développée* de la courbe des centres de carène de tangage, et la figure de cette développée ou *courbe métacentrique* (Bouguer. Du navire, p. 270) dépendra des variations qu'éprouvera le moment de la section d'eau, pendant le mouvement de tangage du flotteur, puisque le dénominateur V reste invariable dans la formule (7), et cette courbe sera située sur l'avant ou sur l'arrière des rayons de courbure (voy. fig. 2), selon le sens dans lequel augmente la quantité $\int y^2 d\lambda$.

Pour chacune des autres courbes, que l'on peut tracer à partir du point C sur la surface des centres de carène, le moment $\int y^2 d\lambda$ correspondant à chacune de ces courbes commençantes aura une valeur particulière : il sera un *maximum* pour la courbe correspondante à l'un des deux axes principaux, un *minimum* relativement à l'autre. Dans le cas où l'axe de rotation ab n'est plus un axe principal de la flottaison, imaginons par la verticale du point C une section normale à la surface des centres de carène, et normale aussi à l'axe ab : son plan sera parallèle aux yz; les centres C', C" n'y seront plus situés, mais ils peuvent être censés s'y projeter, et il résulte de là une série de génératrices projetantes et horizontales, dont chacune est tangente à la surface, et dont l'ensemble forme un cylindre tangent à cette surface. Menons maintenant suivant ces génératrices des plans normaux à ce cylindre : ces plans reproduiront en se coupant deux à deux une autre surface cylindrique, dont la trace sur le plan des yz sera précisément la développée de la trace du cylindre tangent sur ce même plan. Soit pris (fig. 2) le plan de la figure pour plan des yz : soient maintenant deux normales successives qui ne se coupent pas; mais leurs projections CD, C'D' se coupent en K, et CC'C" représente la courbe des centres projetée sur le plan des yz : CD, C'D' sont les normales de cette courbe, θ est son angle de contingence, et δy mesure l'élément de son arc. La formule (7) représente donc encore le rayon de courbure de la trace du cylindre tangent. Les deux normales successives ont une distance *minimum* normale à chacune d'elles, et par suite parallèle à l'axe de rotation ab : cette distance se projette sur le point K, et la petite ligne qui la forme peut être considérée comme étant le métacentre relatif aux inclinaisons infiniment petites autour de ab.

Je prendrai dorénavant pour axe des nouvelles ordonnées ξ (axe transversal $c\xi$ du flotteur, voy. fig. 3) l'axe du *moment maximum* de la flottaison : l'axe longitudinal cn sera pris pour axe des n; je désignerai par T le moment maximum *relatif au tangage* et qui sert pour les mouvements de rotation autour de l'axe des ξ, par R le moment minimum *relatif au roulis*, par S le moment relatif à un axe de rotation intermédiaire acb qui sera notre axe des x, tandis que sa normale cy sera notre axe des y. Soit maintenant φ l'angle que forme l'axe des y avec l'axe des n, angle compté du demi-axe des n positives vers le demi-axe des ξ positives, nous aurons, par des formules connues,

$$x = \xi \cos\varphi - n \sin\varphi$$
$$y = \xi \sin\varphi + n \cos\varphi \quad (8),$$

et nous en déduirons facilement

$$\int y^2 d\lambda = \int \xi^2 d\lambda \cdot \sin^2\varphi + \int n^2 d\lambda \cdot \cos^2\varphi,$$
$$\int xy \, d\lambda = (\int \xi^2 d\lambda - \int n^2 d\lambda) \sin\varphi \cos\varphi.$$

Nous aurons donc plus simplement,

$$\int y^2 d\lambda = S = R \sin^2\varphi + T \cos^2\varphi \quad (9).$$
$$\int xy \, d\lambda = (R - T) \sin\varphi \cos\varphi \quad (10).$$

Si nous représentons par r, s, t les rayons de courbure correspondants à R, S, T, nous aurons donc

$$r = \frac{R}{V} = \frac{\int \xi^2 d\lambda}{V}, \quad t = \frac{T}{V} = \frac{\int n^2 d\lambda}{V} \quad (11),$$

$$s = r \sin^2\varphi + t \cos^2\varphi \quad (12).$$

Nous ferons remarquer de nouveau que s n'est point le rayon de courbure de la courbe CC'C'' (fig. 1), mais seulement de sa projection sur le plan des yz. Pour trouver le rayon de courbure de la section normale qui renferme l'élément CC', il faut se rappeler ce théorème que « le rayon de courbure de la « projection d'une section normale sur le plan d'une autre section pareillement normale est égal à celui de la section normale multiplié par le cosinus « carré de l'angle compris entre les deux plans normaux. » Car nommons I cet angle dièdre; soit ρ le rayon de courbure de la courbe projetante, et remplaçons cette courbe par son cercle osculateur : ce cercle se projettera sur le plan de la seconde section suivant une ellipse évidemment osculatrice à la projection de la courbe, dont le demi-grand axe sera ρ, et dont le demi-petit axe sera $\rho \cos I$. Le rayon de courbure à l'extrémité du grand axe de cette ellipse sera donc $\frac{\rho^2 \cos^2 I}{\rho} = \rho \cos^2 I$, et mesurera le rayon de courbure relatif à la projection de la section. Il résulte, comme corollaire de la propriété énoncée, que « le rayon de courbure d'une section normale égale la somme

« de ceux relatifs à ses projections sur deux autres plans normaux rectangulai-
« res, » et que « le rapport de ces deux derniers rayons de courbure égale le
« carré de la tangente de l'angle dièdre intercepté. »

Dans le cas actuel, la ligne cs (fig. 3) est menée parallèlement à l'élément CC', I est égal à ycs, et l'on a évidemment

$$\tang I = \frac{-\delta x_i}{\delta y_i} = \frac{-\int xy\,d\lambda}{\int y^2\,d\lambda} = \frac{(t-r)\sin\varphi\cos\varphi}{r\sin^2\varphi + t\cos^2\varphi} = \frac{(t-r)\tang\varphi}{t + r\tang^2\varphi} = \frac{\tang\varphi - \frac{r}{t}\tang\varphi}{1 + \tang\varphi\cdot\frac{r}{t}\tang\varphi};$$

et l'on en conclut $\quad \tang(\varphi - I) = \dfrac{r}{t}\tang\varphi \quad$ (13).

Quant à la valeur du rayon de courbure ϱ, nous pouvons maintenant l'obtenir au moyen de la relation

$$\varrho = \frac{s}{\cos^2 I} = \frac{r\sin^2\varphi + t\cos^2\varphi}{\cos^2 I}. \quad (14).$$

Mais on peut aussi obtenir une autre expression de ϱ qui ne dépende que de $\varphi - I$. En effet, de la formule (13) on déduit

$$\frac{\sin(\varphi - I)}{r\sin\varphi} = \frac{\cos(\varphi - I)}{t\cos\varphi} = \frac{\cos I}{r\sin^2\varphi + t\cos^2\varphi} = \frac{\pm\sqrt{\frac{1}{r}\sin^2(\varphi-I) + \frac{1}{t}\cos^2(\varphi-I)}}{\sqrt{r\sin^2\varphi + t\cos^2\varphi}},$$

et élevant au carré les deux derniers membres, il vient

$$\frac{\cos^2 I}{r\sin^2\varphi + t\cos^2\varphi} = \frac{1}{r}\sin^2(\varphi - I) + \frac{1}{t}\cos^2(\varphi - I):$$

donc, en ayant égard à l'équation (14),

$$\frac{1}{\varrho} = \frac{1}{r}\sin^2(\varphi - I) + \frac{1}{t}\cos^2(\varphi - I) \quad (15).$$

Nous ferons ici deux remarques : 1° la formule (13) montre que l'angle formé par le plan des yz avec le plan fixe des nz ou plan diamétral du navire et l'angle formé par le plan de la courbe des centres de carène avec le même plan des nz sont liés par une relation telle que leurs tangentes sont dans un rapport constant, lorsqu'on fait varier le sens de l'inclinaison du flotteur; en un mot, l'on a $\tang ncs = \dfrac{r}{t}\tang ncy$ (fig. 3), et si l'on mène suivant cn un plan incliné à la flottaison sous un angle dont le cosinus soit $\dfrac{r}{t}$, le plan vertical mené suivant la ligne variable cs déterminera dans ce plan auxiliaire un angle plan précisément égal à ncy ; 2° l'expression

$$\frac{1}{r}\sin^2(ncs) + \frac{1}{t}\cos^2(ncs) = \frac{1}{\varrho}$$

coïncide exactement avec la valeur connue du rayon de courbure des sections normales, telle que la donne la géométrie analytique : et il est assez remarquable que, par la seule considération des moments d'inertie et des centres de gravité, nous arrivions au théorème connu sur les rayons de courbure de ces sections. Observons que r et t sont quelconques, aussi bien que R et T (pourvu qu'ils soient de même signe, et les rayons de courbure dirigés dans le même sens), et nous verrons que, une portion de surface étant donnée, rien n'empêche de la considérer comme étant la surface des centres d'une carène inconnue, ce qui applique à toute surface convexe la valeur que nous venons d'obtenir pour $\frac{1}{\rho}$: les résultats pareils que nous obtiendrons bientôt pour la surface des centres de flottaison, et dans lesquels r et t pourront être de signe différent, seront du reste à l'abri du défaut de généralité relatif aux signes de ces quantités.

On peut aussi se demander quel est le maximum de l'angle $ycs = I$: cette recherche, même sans le secours du calcul différentiel, ne saurait offrir de difficultés. On déduit aisément de la formule (13)

$$\frac{\tang(\varphi-I)}{r} = \frac{\tang \varphi}{t} = \frac{\tang \varphi - \tang(\varphi-I)}{t-r} = \frac{\tang \varphi + \tang(\varphi-I)}{t+r};$$

l'on a ensuite
$$\frac{t-r}{t+r} = \frac{\tang \varphi - \tang(\varphi-I)}{\tang \varphi + \tang(\varphi-I)} = \frac{\sin I}{\sin(2\varphi-I)};$$

donc, $\frac{t-r}{t+r}$ étant supposé constant, $\sin I$ sera un *maximum* pour

$$\sin(2\varphi - I) = 1, \quad \text{ou} \quad \varphi = 90° - (\varphi - I), \quad \text{ou} \quad ncy = sc\xi.$$

On a alors
$$\tang ncy = \sqrt{\frac{t}{r}}, \quad \tang ncs = \sqrt{\frac{r}{t}}, \quad \text{et} \quad \sin I = \frac{t-r}{t+r};$$

ainsi, pour cette position, la parallèle à la courbe des centres de carène et la trace du plan normal à l'axe de rotation forment sur le plan de flottaison deux lignes également inclinées à droite et à gauche de la ligne intermédiaire qui forme un angle de 45° avec les deux axes principaux.

Il existe une infinité d'ellipsoïdes et d'hyperboloïdes osculateurs au point C à la surface des centres de carène ; ils ont tous cela de commun, que les sections faites dans ces surfaces par un plan horizontal sont des courbes semblables entre elles : l'équation générale de ces surfaces est $z = \frac{c}{2}\left(\frac{\xi^2}{a^2} + \frac{\eta^2}{b^2} \pm \frac{z^2}{c^2}\right)$,

a, b, c étant les trois demi-axes, et l'origine des coordonnées étant supposée en C. Le signe $+$ est relatif à l'ellipsoïde, et le signe $-$ à l'hyperboloïde; mais, comme $\frac{a^2}{c}, \frac{b^2}{c}$ représentent les rayons de courbure des deux sections principales à l'extrémité du demi-axe des z, notre formule deviendra

$$z = \frac{\xi^2}{2r} + \frac{\eta^2}{2t} + \frac{z^2}{2c} \qquad (16),$$

où c est une quantité tout à fait arbitraire qui, par sa variation, donne les diverses surfaces osculatrices du second degré. Pour $c = \infty$, on obtient le paraboloïde osculateur dont l'équation est, par conséquent,

$$z = \frac{\xi^2}{2r} + \frac{\eta^2}{2t} \qquad (17).$$

Si nous nommons ζ l'ordonnée horizontale, dans le plan de la section normale dont cs indique la position, on aura, pour un point de cette section,

$$\xi = \zeta \sin(\varphi - I), \qquad \eta = \zeta \cos(\varphi - I), \qquad z = \frac{\zeta^2}{2}\left(\frac{1}{r}\sin^2(\varphi - I) + \frac{1}{t}\cos^2(\varphi - I)\right);$$

l'unité divisée par le coefficient de $\frac{\zeta^2}{2}$ dans le second membre doit être et est en effet, comme nous le savons déjà, le rayon de courbure de la section normale parallèle à cs. Les formules (11), (12), et (14) ou (15), suffisent pour nous donner tout ce qui est relatif aux rayons de courbure des courbes des centres de carène, ou des sections normales, l'équation (13) nous donne la direction de ces courbes sur la surface, et (16) est l'équation générale des surfaces du second degré osculatrices, rapportée au point C pris pour origine.

§ 2. Des centres de flottaison.

Dans les inclinaisons du flotteur autour de la ligne ab (fig. 1), le centre de flottaison c change lui-même de place, et la suite de ces centres forme soit une ligne, soit une surface courbe, selon que les inclinaisons du flotteur ont lieu dans un sens fixe ou dans des sens tout à fait indéterminés. Il est évident, à priori, que cette surface a précisément pour plan tangent le plan de flottaison lui-même, puisque l'élément rectiligne qui joint deux centres de flottaison infiniment voisins est nécessairement horizontal, comme le prouve l'inspection de la fig. 1; ainsi « la surface des centres de flottaison, comme celle des cen« tres de carène, a pour normale en chaque point la verticale; elle est la « surface-enveloppe de tous les plans possibles de flottaison. »

Soient donc x', y', z' les coordonnées du centre de flottaison supposé variable; soient $\delta x', \delta y', \delta z'$ les variations dans le passage d'un centre à un autre pour un très-petit déplacement du flotteur. En inclinant, comme ci-dessus,

(16)

le flotteur d'un angle θ autour de l'axe ab, le point c se changera en c' : il est clair que la variation de z' sera un infiniment petit du second ordre ; ainsi on aura déjà
$$\delta z' = 0 \qquad (18).$$
Soient maintenant $\int x d\lambda = x'\lambda$, $\int y d\lambda = y'\lambda$ les moments de l'aire de la flottaison ; la variation de ces moments entraîne celle de x' et de y' ; de telle sorte que l'on aura
$$\delta x' = \delta . \frac{\int x d\lambda}{\lambda} = \frac{\delta \int x d\lambda}{\lambda} - \frac{(\int x d\lambda) \delta\lambda}{\lambda^2};$$
mais, comme nous prenons le point c pour origine des coordonnées, on a
$$\int x d\lambda = 0, \qquad \delta x' = \frac{\delta \int (x d\lambda)}{\lambda}; \qquad \text{et de même} \qquad \delta y' = \frac{\delta(\int y d\lambda)}{\lambda}.$$
Pour obtenir les variations des moments, reportons-nous à la fig. 4, qui nous représente les deux flottaisons successives se coupant suivant ab : coupons-les par un plan normal à ab, c'est-à-dire à l'axe des x. Soient de, de' les deux intersections ; soit ee' l'arc infiniment petit de la carène intercepté dans l'angle $ede' = \theta$; et abaissons la perpendiculaire $e'r$, de manière à avoir
$$dr = de' \cos \theta = de'.$$
On projettera ainsi par un cylindre vertical la nouvelle flottaison sur le plan de l'ancienne, de manière à obtenir une courbe arb dont la surface ne différera de la nouvelle flottaison $ae'b$ que dans les infiniment petits du second ordre, et qui sera séparée de l'ancienne ligne d'eau aeb par un croissant infiniment délié dont il s'agit d'évaluer les moments. Or, soit
$$z = f(x, y)$$
l'équation de la carène vers la flottaison, de sorte que
$$dz = p dx + q dy$$
soit son équation différentielle : en faisant $x = $ const, on obtient $dz = q dy$; c'est l'équation différentielle de l'arc ee'. On a de plus $\delta x = 0$, $\delta y = er$, $\delta z = e'r$, et par suite
$$\delta y = \frac{(e'r)}{q} = \frac{\theta y}{q}.$$
On a ainsi $\frac{\theta y dx}{q}$ pour la valeur de l'aire différentielle $d\lambda$, et, en multipliant par x ou par y, l'on obtient les deux moments de cette petite aire, savoir
$$\frac{\theta . xy dx}{q}, \qquad \frac{\theta y^2 dx}{q}.$$
Intégrons maintenant tout le long de la ligne de flottaison : nous aurons pour les deux moments du croissant $arbea$,
$$\theta \int \frac{xy dx}{q}, \qquad \theta \int \frac{y^2 dx}{q},$$

et l'on trouve enfin pour les équations cherchées

$$\delta x' = \frac{\theta}{\lambda} \int \frac{xy\,dx}{q} \quad (19), \quad \delta y' = \frac{\theta}{\lambda} \int \frac{y^2 dx}{q} \quad (20).$$

On eût pu arriver directement à ces équations en observant que $\delta \int x\,d\lambda = \delta \int xy\,dx = \int (xd x . \delta y)$, puisque l'on a $\delta x = 0$ et $\delta dx = 0$, attendu que x et dx ne varient pas dans le passage d'une flottaison à l'autre : on aurait posé ensuite $\delta y = \frac{\delta z}{q} = \frac{\theta y}{q}$. On aurait eu de même

$$\delta \int y\,d\lambda = \delta \int \tfrac{1}{2} y^2 . dx = \int y . \delta y\,dx = \int y\,dx\,\frac{\theta y}{q}.$$

Cette valeur $\quad \delta y = \frac{\theta y}{q} \quad (21)$

nous sera encore utile plus loin. Il est important de remarquer que q doit être pris avec le signe qui lui est propre dans la demi-flottaison relative aux y positives et qu'il doit être pris avec un signe contraire dans la demi-flottaison relative aux y négatives : on peut éviter cette difficulté de la manière suivante. L'équation de la ligne de flottaison étant $f(x,y) = 0$, on a, tout le long de cette ligne, $d\sigma$ étant l'élément de l'arc,

$$p\,dx + q\,dy = 0, \quad \frac{dx}{q} = -\frac{dy}{p} = \frac{\pm d\sigma}{\sqrt{p^2+q^2}},$$

le signe $+$ étant relatif au cas où l'élément ee' fait saillie en dehors et où la carène s'évase au-dessus de l'eau au point e, tandis que le signe $-$ sera relatif au cas où l'élément ee' rentre en dedans : c'est le premier de ces deux cas qui se présente presque constamment sur les navires. Les équations (19) et (20) se changent ainsi en

$$\delta x' = \frac{\theta}{\lambda} \int \frac{xy\,d\sigma}{\sqrt{p^2+q^2}} \quad (19\ bis), \quad \delta y' = \frac{\theta}{\lambda} \int \frac{y^2 d\sigma}{\sqrt{p^2+q^2}} \quad (20\ bis) :$$

on saura d'avance qu'il faudrait prendre le signe $-$ du radical, si l'on avait à considérer le cas d'un élément de carène rentrant au-dessus de la ligne de flottaison.

Si maintenant nous considérons cette dernière ligne comme une ligne massive et de densité différente dans ses divers éléments ; si, de plus, nous assujettissons cette densité variable à suivre les valeurs du coefficient $\frac{1}{\sqrt{p^2+q^2}}$, $\frac{d\sigma}{\sqrt{p^2+q^2}}$ sera la masse différentielle d'un élément de la courbe. Soit P l'inclinaison sur l'horizon du plan tangent à la carène au point e, on aura $\frac{d\sigma}{\sqrt{p^2+q^2}} = d\sigma . \cot P = dm$, en nommant m la masse totale de la ligne de flottaison, et l'intégrale $\int \frac{y^2 d\sigma}{\sqrt{p^2+q^2}} = \int y^2 dm$ représentera le moment d'inertie de cette ligne relativement à l'axe de rotation ab. Ainsi, parmi toutes les positions de la ligne horizontale ab, il en existera deux rectangulaires entre elles, pour lesquelles cet axe coïncidera avec l'un des deux axes principaux de la ligne d'eau supposée massive, positions pour lesquelles $\int xy\,dm = \int \frac{xy\,ds}{\sqrt{p^2+q^2}}$ deviendra nul. Dans le cas du navire, et pour les inclinaisons de tangage, chacun des termes $xy\,dm$ dont la réunion forme l'intégrale $\int xy\,dm$ trouve son équivalent de signe contraire de l'autre côté de l'axe longitudinal du navire, par suite du changement de signe de x et à cause de la symétrie que les deux faces de la carène ont entre elles; on a donc alors $\int \xi\eta\,dm = 0$; ainsi l'axe longitudinal et l'axe transversal du navire sont les deux axes principaux de la ligne d'eau supposée matérielle et dense proportionnellement à la cotangente de l'angle P; ainsi ces axes coïncident avec les axes principaux de la flottaison, lesquels nous ont déjà servi pour la surface des centres de carène; mais, dans le cas général d'un flotteur quelconque, cette coïncidence n'a plus lieu.

Puisque $\delta x'$ est nul pour les inclinaisons de tangage, la courbe $cc'c''$ des centres de flottaison de tangage (fig. 1) devient une courbe plane située en entier dans le plan longitudinal du navire, et nous pourrons raisonner sur la surface des centres de flottaison comme nous l'avons fait sur celle des centres de carène. Dans le roulis, la courbe des centres de flottaison coïncidera dans son premier élément avec la *ligne de courbure transversale* de la surface, puis elle en divergera de plus en plus. Dans les inclinaisons intermédiaires, la courbe analogue cessera, de prime abord, de coïncider avec la section normale faite par le plan des yz, et formera avec elle un angle variable I', qui, nul au tangage, grandira de plus en plus et se retrouvera nul à 90° pour les inclinaisons dues au roulis. Les normales cessent donc alors de se rencontrer; mais la trace du cylindre tangent continue à avoir pour son rayon de courbure s' la valeur $\frac{\delta y'}{\theta}$, et l'on aura

$$s' = \frac{\int y^2 dm}{\lambda} \qquad (22).$$

Pour les cas de tangage et de roulis, cette équation représente le rayon de courbure de la courbe même des centres de flottaison, et l'on a ainsi, en nommant r', t' ces rayons de courbure,

$$r' = \frac{\int \xi^2 dm}{\lambda}, \qquad t' = \frac{\int \eta^2 dm}{\lambda} \qquad (23).$$

Soient encore $\int \xi^2 dm = R'$, $\int \eta^2 dm = T'$, les moments d'inertie de la ligne de flottaison relatifs aux axes principaux: les équations (8) n'ayant pas cessé d'avoir lieu, on aura aussi

$$\int y^2 dm = R' \sin^2 \varphi + T' \cos^2 \varphi,$$

moment que nous désignerons par la lettre S', et de plus

$$\int xy\,dm = (R' - T') \sin \varphi \cos \varphi;$$

ces résultats sont tout à fait généraux, quels que soient les signes de T′ et de R′, et l'on doit remarquer (fig. 3) que φ a conservé la même signification que dans le paragraphe précédent, et représente toujours l'angle ncy.

Dans les inclinaisons intermédiaires, tandis que s' représente le rayon de courbure du cylindre tangentiel dont la génératrice est parallèle à l'axe de rotation, $\delta x' = \frac{\theta}{\lambda} \int xy\,dm$ représentera la distance horizontale *minimum* des deux normales infiniment voisines qui ne peuvent se rencontrer ; ainsi tous les résultats obtenus ci-dessus se répètent encore ici, et l'on aura

$$s' = r'\sin^2 \varphi + t'\cos^2 \varphi \quad (24),$$

équation analogue à l'équation (12), et

$$\tang (\varphi - l') = \frac{r'}{t'} \tang \varphi \quad (25),$$

qui est l'analogue de (13).

Il est important de noter que le coefficient $\frac{1}{\sqrt{p^2 + q^2}}$ peut être positif en certains points de la flottaison, négatif en d'autres, de telle sorte que les moments $\int z^2 dm$, $\int u^2 dm$, $\int y^2 dm$ ne sont point essentiellement positifs, mais peuvent être négatifs ou même nuls ; la masse de certaines portions de la ligne d'eau doit alors être considérée comme négative, ou bien (si l'on ne veut pas admettre de masses négatives) ces portions seront les points d'application de forces parallèles à celles qui sollicitent les petites masses des arcs à masses positives, mais agissant dans une direction opposée.

Quoi qu'il en soit, il pourra se présenter trois cas différents :

1° T′ et R′ positifs. De ces deux moments, l'un sera un *maximum* et l'autre un *minimum* : les rayons de courbure relatifs aux deux lignes de courbure rectangulaires qui se croisent en c sur la surface des centres de flottaison seront dirigés tous les deux de bas en haut ; les deux lignes de courbure tourneront leur concavité vers le ciel, et la surface des centres de flottaison sera, pour ainsi dire, *isomorphe* avec la surface des centres de carène, le déplacement infiniment petit du centre de flottaison se faisant à peu près dans le même sens que celui du centre de carène.

2° T′ et R′ négatifs. Dans ce cas, le déplacement du centre de flottaison s'effectue en sens inverse du déplacement qu'éprouve le centre de carène correspondant : $\delta y'$ est négatif et se compte, par conséquent, sur le demi-axe des y qui tend à s'élever hors de l'eau dans le passage d'une position du flotteur à sa voisine. Les deux lignes de courbure, ainsi que la surface entière, tournent alors leur concavité vers le bas, et les rayons de courbure sont dirigés dans ce même sens ; ils deviennent tous négatifs ainsi que les moments d'inertie qui leur correspondent : T′ et R′ sont, encore dans ce cas, deux limites *maximum* et *minimum* pour les moments intermédiaires. Ce cas, entre autres, se présente lorsque la carène est rentrante dans tous les sens au-dessus de la flottaison.

3° T' est positif et R' est négatif. Dans ce cas, la ligne de courbure relative au tangage tournera sa concavité vers le ciel, tandis que celle relative au roulis lui présentera sa convexité. Ici, comme dans le cas du plan tangent à *l'hyperboloïde à une nappe*, la surface sera partagée en quatre portions distinctes. L'antérieure et la postérieure seront situées au-dessus du plan de flottaison; les deux latérales seront situées en dessous. Une selle coupée par un plan horizontal tangent au point de séparation des jambes du cavalier donne une image grossière de cette disposition.

Lorsque l'axe des x coïncide avec celui des ξ (fig. 3), les angles φ et I' sont nuls à la fois. Faisons croître l'angle φ; la tangente trigonométrique de $\varphi - I' = ncs$ devient négative (voy. éq. 25), ce qui nous prouve que la ligne cs passe du côté opposé relativement à l'axe longitudinal cn et prend la position cs': c'est la direction du premier élément de la courbe de contact entre la surface et le cylindre tangent à génératrices parallèles à ab. L'angle I' est donc alors égal à ycs'; il s'accroît sans cesse et finit par devenir *droit* lorsque $\operatorname{tang}(I' - \varphi) = \operatorname{tang}(90° - \varphi) = \cot\varphi$, ce qui arrive pour $\operatorname{tang}\varphi = \sqrt{\dfrac{-t'}{r'}}$.

Dans cette position de l'axe cy, on a $r'\sin^2\varphi + t'\cos^2\varphi = 0$, $\int y^2 dm = 0$; ainsi le moment d'inertie relatif à l'axe ab correspondant sera nul, et la ligne cs' se confondra alors avec l'axe de la rotation du flotteur. Dans ce cas, la trace du cylindre tangent à génératrices parallèles à l'axe offre un *point singulier* indiqué par le rayon de courbure s', qui devient nul. En général, et de même que dans le cas de l'équation (15), le rayon de courbure ρ' de la section normale faite suivant cs' sera donné par la formule

$$\rho' = \dfrac{1}{\dfrac{1}{r}\sin^2 ncs' + \dfrac{1}{t}\cos^2 ncs'} = \dfrac{rt}{r\cos^2 ncs + t\sin^2 ncs'},$$

quantité qui change de signe au moment où $ncs' = 90° - \varphi$, c'est-à-dire lorsque cs' coïncide avec ab. Si donc l'on construit la courbe du second degré ayant son centre en c et dont les carrés des rayons vecteurs sont proportionnels aux rayons de courbure des sections normales correspondantes, les lignes ab, $a'b'$ seront les asymptotes des deux hyperboles conjuguées qui fournissent alors les rayons de courbure, d'après un théorème connu. Ces deux positions de l'axe de rotation sont donc précisément les tangentes des lignes courbes qui séparent la nappe droite-gauche de la nappe antéro-postérieure.

Lorsque l'axe des x a dépassé la position ab que nous venons d'indiquer, l'angle φ continuant à croître, la ligne cs' continue son mouvement en sens inverse; c'est alors que le mouvement différentiel du centre de flottaison commence à avoir lieu en sens inverse du sens dans lequel on incline le flotteur ; car il ne faut pas perdre de vue que c'est suivant la ligne cs' que s'effectue le mouvement primordial de translation du centre c lorsqu'il décrit l'arc $cc'c''$. Lorsque φ sera égal à 90°, l'axe des x coïncidant, par exemple, avec l'axe longitudinal du navire et l'axe cy avec l'axe transversal, la direction de cs' deviendra précisément contraire à celle de cy, qui indique le sens de l'inclinaison, et alors, pendant le roulis, la variation $\delta y'$ du centre de flottaison sera dirigée en sens inverse de l'inclinaison du flotteur. En continuant à faire parcourir les diverses positions possibles à nos axes variables cx et cy, nous repasserions par des états analogues à ceux que nous venons d'examiner. Cet état de choses diffère donc essentiellement des deux précédents; l'angle I', qui mesure la déviation de l'élément cc' du plan dans lequel a lieu l'inclinaison, n'est plus ici susceptible d'un *maximum*, et peut passer par tous les états de grandeur possibles.

§ 3. *Courbes métacentriques.*

Revenons maintenant aux courbes métacentriques, et d'abord à la courbe métacentrique de tangage, qui est la développée de la courbe plane des centres de carène de tangage. Nous avons trouvé que les rayons successifs de courbure étaient, pour une inclinaison arbitraire, donnés par la formule (7), et il nous reste à obtenir les variations de ces rayons de courbure pour avoir une idée précise de la forme de cette développée : ces variations dépendent évidemment des variations du moment d'inertie $\int y^2 d\lambda$, puisque le volume V reste le même ; on a donc, en général, $\delta s = \dfrac{\delta(\int y^2 d\lambda)}{V}$: le numérateur n'est autre chose que le moment d'inertie du croissant qui sépare l'une de l'autre les deux lignes de flottaison rapportées au même plan (voy. fig. 4). L'élément différentiel du croissant ayant pour valeur $\dfrac{\theta y dx}{q}$, le moment d'inertie de cet élément sera $\dfrac{\theta y^3 dx}{q}$: donc $\delta \int y^2 d\lambda = \int \dfrac{\theta y^3 dx}{q}$. On peut aussi arriver à ce résultat en observant que

$$\int y^2 d\lambda = \int \tfrac{1}{3} y^3 dx, \quad \delta \int y^2 d\lambda = \int (y^2 \delta y \cdot dx) = \int y^2 \dfrac{\theta y}{q} \cdot dx,$$

en y portant la valeur de δy (éq. 24). Donc enfin

$$\delta s = \dfrac{\theta}{V} \int \dfrac{y^3 dx}{q} \qquad (26),$$

cette intégrale étant prise tout le long de la ligne de flottaison. L'axe de rotation ab (fig. 4) se déplace, il est vrai, parallèlement à lui-même par suite du déplacement simultané du centre de flottaison, et la théorie des moments d'inertie nous apprend que, pour ramener un moment d'un axe à un autre axe parallèle et passant par le centre de gravité, la correction doit égaler le moment de la masse entière concentrée à son centre relativement au premier axe : ainsi $\int y^2 d\lambda$ devrait être diminué de $(\delta y')^2 \int d\lambda$; mais cette variation de second ordre doit être négligée. Du reste, on peut aussi remplacer $\dfrac{dx}{q}$ par $\dfrac{d\sigma}{\sqrt{p^2+q^2}}$, et nous aurons

$$\delta s = \frac{\theta}{V} \int \frac{y^3 d\sigma}{\sqrt{p^2+q^2}} \qquad (26\,l\,is).$$

Faisons remarquer, en passant, que la quantité $\theta \delta s = \dfrac{\theta^2}{V} \int \dfrac{y^3 dx}{q}$ est précisément la variation de second ordre de y, : c'est la valeur de $\delta^2 y$, telle qu'on l'obtiendrait en différentiant l'équation (6) d'après le signe δ : l'on obtiendrait un résultat pareil pour $\delta^2 x$,, savoir : $\delta^2 x$, $= \dfrac{\theta^2}{V} \int \dfrac{y^2 x dx}{q}$: mais cette dernière équation nous est inutile.

Nous ferons sur le signe de q et du radical $\sqrt{p^2+q^2}$ les mêmes remarques que ci-dessus : si l'on emploie le facteur $\dfrac{dx}{q}$, on doit prendre q avec un signe contraire au sien dans la demi-flottaison des y négatives ; si l'on emploie $\dfrac{d\sigma}{\sqrt{p^2+q^2}}$, on prendra le signe — du radical partout où la carène sera rentrante au-dessus de la flottaison.

Dans le cas du tangage, il faut remplacer les coordonnées x et y par ξ et η : si alors l'intégrale $\int \dfrac{\eta^3 d\sigma}{\sqrt{p^2+q^2}}$ est positive, le rayon de courbure augmentera à mesure que le navire plongera vers l'avant, et la courbe métacentrique sera située entièrement à l'arrière des rayons de courbure. Si elle est négative (voy. fig. 2), la courbe métacentrique sera située sur l'avant des rayons de courbure. On peut alors, par un procédé graphique assez simple, se former une idée suffisamment exacte de la courbe des centres de carène de tangage pour la portion de son cours voisine du point C. Cette courbe est souvent intéressante à connaître dans la pratique, car c'est elle que décrit le centre de carène, lorsqu'on change les poids de l'intérieur du navire, soit de l'avant à l'arrière, soit de l'arrière à l'avant, en un mot, lorsqu'on change la *différence des tirants d'eau*.

Soit donc C le point de départ, et soit pris sur la normale CD, $Cm = \dfrac{\int \eta^2 d\lambda}{V}$; m sera le centre de courbure et le premier point de la développée. Sur Cm élevez la normale $mn = \dfrac{\int \dfrac{\eta^3 d\sigma}{\sqrt{p^2+q^2}}}{V}$, et le point n ainsi obtenu sera le centre de courbure de la développée, puisque δs mesure l'arc infiniment petit de cette courbe, θ son angle de contingence, et par conséquent $\frac{\delta s}{\theta}$ son rayon de courbure. Si donc de n comme centre vous décrivez l'arc mm', vous aurez un élément de la développée : du point m, comme centre, vous pourrez alors décrire l'arc $CC' = Cm \cdot \theta$; puis de m', pris à une distance telle que $mm' = mn \cdot \theta$, vous décrirez l'arc $C'C''$ et ainsi de suite; l'angle θ peut être de quelques degrés, sans qu'il en résulte d'erreur sensible.

Quelquefois l'intégrale $\int \frac{y^3 dx}{q}$ passe du positif au négatif dans les inclinaisons croissantes du flotteur et s'annule dans ce passage : le centre de courbure relatif à la position du flotteur pour laquelle cette intégrale s'annule est pour la courbe métacentrique un point de rebroussement de première espèce; celle-ci est alors à deux branches, l'une située en avant des rayons et l'autre en arrière (voy. fig. 9). Ce résultat se présente en effet pour la courbe métacentrique relative au roulis, lorsque le flotteur est dans sa position droite, son plan diamétral étant vertical. La flottaison forme alors une figure symétrique des deux côtés de l'axe longitudinal, et dans l'intégrale $\int \frac{\xi^3 d\sigma}{\sqrt{p^2 + q^2}}$ chaque terme a son équivalent de signe contraire par suite du changement de signe de ξ. Ainsi cette intégrale est nulle, et le rayon de courbure Cm est un *maximum* ou un *minimum*. Pour l'inclinaison infiniment voisine, on trouvera la nouvelle valeur de l'intégrale en la différentiant du signe δ; si cette différentielle est positive, l'intégrale le devient aussi, les rayons de courbure augmentent à droite et à gauche du point C; c'est cet état de choses que l'on tâche autant que possible de réaliser dans la construction des navires, et nous devons nous y arrêter ici quelques instans.

Parmi toutes les ellipses ou hyperboles osculatrices en C, C étant l'extrémité d'un de leurs grands axes, cherchons celle qui offre un contact de quatrième ordre avec la courbe plane des centres successifs.

Soit $\frac{\xi^2}{a^2} + \frac{z^2}{c^2} = 1$ l'équation de cette courbe dans le plan des ξz, et rapportée à son centre comme origine : on a pour le rayon de courbure d'un point quelconque de cette courbe

$$\rho = \frac{(c^4 \xi^2 + a^4 z^2)^{\frac{3}{2}}}{a^4 c^4};$$

et, d'autre part, $\rho' = 3 \frac{(c^2 - a^2)}{a^6 c^6} (c^4 \xi^2 + a^4 z^2)^{\frac{1}{2}} \xi z$

sera le rayon de courbure de sa développée au point qui correspond à l'extrémité du rayon ρ. Ainsi donc, pour le point C,

$$\rho = \frac{(a^4 c^2)^{\frac{3}{2}}}{a^4 c^4} = \frac{a^2}{c}, \quad \rho' = 0.$$

(24)

On aura ensuite pour le rayon de courbure ρ'' de la développée de la développée, à l'extrémité du rayon ρ', $\rho''=3\rho\frac{(c^2-\alpha^2)\alpha^2}{c^3}$. Le signe de $\rho''=3\rho\left(1-\frac{\alpha^2}{c^2}\right)$ dépend de $\alpha>c$, ou $\alpha<c$.

Revenons maintenant à notre courbe des centres de carène, et cherchons la variation seconde de l'intégrale $\int y^2 d\lambda = \frac{1}{3}\int y^3 dx$ dans le passage d'une position à la position voisine. Pour cela, il suffit de former la variation complète de cette intégrale et de réunir tous les termes multipliés par $\frac{1}{2}\theta^2$. Soient x', y', z' les coordonnées du centre de flottaison infiniment voisin du centre primitif pris pour origine; x, y, o les coordonnées d'un point de la ligne de flottaison, et $x, y+\Delta y$, Δz celles du point correspondant dans la nouvelle flottaison, les x ne variant pas. On aura, dans un plan parallèle aux xz, $\frac{\Delta z - z'}{(y+\Delta y)-y'}=\tang \ell$.

Mais de $z=f(x,y)$ on tire $\Delta z = q\Delta y + \frac{1}{2}q'(\Delta y)^2 + $ etc., en faisant $\frac{dq}{dy}=q'$. Substituant, on pourra conclure quelle est la valeur de Δy en fonction de y, θ, y' et z' : il faut remarquer ici que y' est une quantité infiniment petite du premier ordre égale à $\theta s' + \alpha \theta^2 + \beta \theta^3 + ...$, et que z' est du second ordre et égale à $\frac{1}{2}\theta^2 s' + \alpha'\theta^3 + ...$, s' étant le rayon de courbure de la courbe des centres de flottaison (éq. 20 et 22). On trouve alors, en s'arrêtant aux termes du second ordre,

$$\Delta y = \theta \frac{y}{q} - \frac{1}{2}\theta^2\left(\frac{s'}{q}-\frac{2y}{q^2}+\frac{y^2 q'}{q^3}\right).$$

L'intégrale $\frac{1}{3}\int y^3 dx$ se change alors en $\frac{1}{3}\int (y+\Delta y - y')^3 \sec^3\theta\, dx$.

Il faut développer cette expression en fonction de θ, en négligeant les termes supérieurs au second. Observons d'abord que $\sec^3\theta = 1 + \frac{3}{2}\theta^2$, et nous trouverons que le terme en θ est de la forme $\theta\int\frac{y^3 dx}{q} - y'\int y^2 dx$, et se réduit à $\int\frac{y^3 dx}{q}$, à cause de $\int y^2 dx = \frac{1}{2}\int y d\lambda = 0$. Le terme en θ^2 devient alors

$$-\frac{1}{2}\theta^2\left(s'\int\frac{y^3 dx}{q}-2\int\frac{y^3 dx}{q^2}+\int\frac{y^4 q' dx}{q^3}\right)+\frac{3}{2}\theta^2\int y^3 dx + \theta^2\int\frac{y^3 dx}{q^2}-2\theta y'\int\frac{y^2 dx}{q}+y'^2\int y dx.$$

En y substituant $y' = \theta s'$, et observant que $\int\frac{y^2 dx}{q}=s'\lambda$ (éq. 22), que $\frac{1}{3}\int y^3 dx = sV$ (éq. 7), et que $\int y dx = \lambda$, il viendra, toute réduction faite,

$$-\frac{3}{2}\theta^2 s'^2\lambda + \frac{3}{2}\theta^2 sV + 2\theta^2\int\frac{y^3 dx}{q^2}-\frac{1}{2}\theta^2\int\frac{y^4 q' dx}{q^3}.$$

Il faut observer que chacune de ces intégrales se décompose en deux ou un plus grand nombre d'intégrales partielles, les unes relatives aux y positives, les autres aux y négatives, et qui correspondent chacune à l'un des points où la ligne de flottaison est coupée par le plan parallèle aux yz.

Telle est donc la vraie valeur du terme correspondant à $\frac{1}{2}\delta^2\left(\int y^2 d\lambda\right)$ dans le développement de la variation totale de $\int y^2 d\lambda$. Si maintenant nous nommons s_1 le rayon de courbure de la métacentrique et s_2 celui de sa développée, nous aurons évidemment

$$\delta\frac{\int y^2 d\lambda}{V} = \delta s = s_1 \theta, \quad \text{et} \quad \delta^2\frac{\int y^2 d\lambda}{V} = \delta s_1 \theta = s_2 \theta^2:$$

il viendra donc

$$s_2 = 3s - 3\frac{s'^2\lambda}{V} + \frac{4}{V}\int\frac{y^3 dx}{q^2} - \frac{1}{V}\int\frac{y^4 q' dx}{q^3} \qquad (27)$$

Toutes les fois que la variation seconde $\delta^2 \int y^2 d\lambda$ sera positive, s_2 indiquera cet état de choses par sa valeur positive; alors $\int y^2 d\lambda$ et le rayon de courbure s qui lui correspond atteindront leur valeur *minimum*, et les branches de rebroussement seront ascendantes. Si s_2 était négatif, l'inverse aurait lieu, et les branches seraient descendantes.

Il est facile maintenant, s et s_2 étant donnés, d'en déduire les demi-axes a et c de l'ellipse ou hyperbole osculatrice de quatrième ordre; il suffit d'écrire $\varrho = s$, $\varrho' = s_1 = 0$, $\varrho'' = s_2$, et l'on aura

$$\frac{a^2}{c} = s, \quad \frac{3(c^2-a^2)a^2}{c^3} = s_2; \quad \text{d'où} \quad c = \frac{3s^2}{3s-s_2}, \quad a = \sqrt{\frac{3s^3}{3s-s_2}},$$

ce qui nous donne les axes cherchés.

Il est difficile de bien saisir ce qui précède sans les développements que nous allons donner. Soient σ l'arc d'une première courbe compté d'un point fixe, i l'angle qui mesure l'inclinaison de la tangente sur un axe fixe et ϱ le rayon de courbure : on a

$$\varrho = \frac{d\sigma}{di} \qquad (28)$$

par une formule connue. Soient de même ϱ', σ', i' les éléments correspondants sur la développée; on aura $\varrho' = \frac{d\sigma'}{di'}$: mais il est évident que l'on a $d\sigma' = d\varrho$ par la propriété de l'enroulement des rayons de courbure sur la développée; on a de plus $di' = di$, puisque l'angle de contingence égale l'angle des deux rayons de courbure voisins (voy. fig. 2), et que ce dernier est l'angle de contingence de la développée : donc $\varrho' = \frac{d\varrho}{di} = \frac{d^2\sigma}{di^2}$. Si l'on nomme *développée de second ordre* la développée de la développée, on aura, pour cette développée de second ordre, $\varrho'' = \frac{d^3\sigma}{di^3}$, et, pour le rayon de courbure de la développée de l'ordre n, $\varrho^{(n)} = \frac{d^{n+1}\sigma}{di^{n+1}}$ (29).

Soient maintenant x, y les coordonnées rectangulaires de la première courbe, $y', y'', y'''\ldots$ les coefficients différentiels de y en fonction de x, on aura

$$i = \text{arc. tang } y', \quad di = \frac{y''\, dx}{1+y'^2}, \quad \frac{d\sigma}{di} = \frac{(1+y'^2)^{\frac{3}{2}}}{y''} = \varphi(y', y'');$$

on aura de même

$$\frac{d^2\sigma}{di^2} = \frac{\frac{d\varphi}{dx}\, dx}{\frac{y''}{1+y'^2}\, dx} = \psi(y', y'', y'''), \text{ et généralement,}$$

$$\frac{d^n\sigma}{di^n} = \varpi(y', y'',\ldots y^{(n+1)}).$$

On conclut de là, 1° « que si deux courbes ont un contact du $n^{\text{ième}}$ ordre, les « coefficients différentiels étant les mêmes jusqu'à $y^{(n)}$ inclusivement, « $\frac{d^{n-1}\sigma}{di^{n-1}}$ et toutes les dérivées inférieures auront la même valeur sur les deux « courbes osculatrices; 2° que, réciproquement, si toutes les dérivées « jusqu'à $\frac{d^{n-1}\sigma}{di^{n-1}}$ ont la même valeur, les courbes ont un contact du $n^{\text{ième}}$ ordre; « 3° que, dans ces deux cas, les développées successives de chacune de ces « courbes sont osculatrices deux à deux et ont les mêmes rayons de courbure, « jusqu'à la développée de l'ordre $n-2$ inclusivement; 4° que, si deux courbes « ont un contact du $n^{\text{ième}}$ ordre, leurs développées ont entre elles un contact « de l'ordre $n-1$, les développées de celles-ci un contact de l'ordre $n-2$, « et ainsi du reste. » Cette théorie s'applique facilement à l'ellipse osculatrice du quatrième ordre que nous avons eu tout à l'heure à considérer.

Concevons maintenant que la courbe primitive soit donnée par une relation entre les éléments σ et i, et de la forme

$$\sigma = \varphi(i) \quad (30);$$

son équation différentielle sera $d\sigma = \varphi'(i)\, di$. L'équation différentielle de la développée sera $d\sigma = \varphi''(i)\, di$; celle de la développée de second ordre sera $d\sigma = \varphi'''(i)\, di$, et celle de la développée de l'ordre n,

$$d\sigma = \varphi^{(n+1)}(i)\, di \quad (31).$$

Ces équations sont souvent fort commodes pour trouver les développées; car, après avoir obtenu l'équation différentielle de la développée d'un ordre quelconque, par exemple, $d\sigma = F(i)\, di$, il suffira de résoudre l'équation $\sigma = \int F(i)\, di$, ou plutôt les deux suivantes

$$x = \int F(i) \cos i\, di + \text{const.}, \quad y = \int F(i) \sin i\, di + \text{const.}$$

On appliquera la même méthode aux développantes ; ainsi $d\sigma = \varphi(i)\,di$ sera l'équation différentielle de la développante de $\sigma = \varphi(i)$;

$$ds = (\int \varphi(i)\,di) \times di$$

sera celle de sa développante *de second ordre ;* et ainsi des autres.

On peut appliquer, entre autres, cette méthode à la spirale logarithmique $\sigma = ae^i$, qui est l'équivalente de $r = a\sqrt{\tfrac{1}{2}}\,e^{\omega + \tfrac{1}{4}\pi}$ en coordonnées polaires : on peut l'appliquer à la cycloïde dont a est le rayon du cercle générateur et dont l'équation est $s = 4a \cos i$; à la chaînette dont $s = a \tang i$ exprime l'équation la plus simple ; etc.

Nous pourrions appliquer les considérations précédentes aux développées des courbes des centres de flottaison, et arriver à des résultats analogues ; mais il est inutile de nous y arrêter, attendu que les formules à obtenir ne sont d'aucune utilité dans la pratique.

§ 4. *Des surfaces des centres de flottaison et de carène.*

C'est une question assez embarrassante, mais peu utile, de chercher des équations générales pour les surfaces des centres de flottaison ou de carène : toutefois, voici la méthode que l'on peut employer dans ce but. On observera d'abord qu'étant donnée arbitrairement la direction de la flottaison du corps supposé fixé d'une manière invariable, et en l'assujettissant, par exemple, à être parallèle au plan $z = \alpha x + \beta y$, la détermination du dernier élément du plan tangent à la surface des centres de flottaison dépendra d'une intégrale relative au volume de la carène, et que celle du plan tangent à la surface des centres de carène dépendra de la même intégrale et d'une seconde relative aux moments. Soit donc k ce dernier élément variable avec α et β, de sorte que l'on ait obtenu la relation

$$k = \varphi(\alpha, \beta) \quad (32) ;$$
$$z = \alpha x + \beta y + \varphi(\alpha, \beta) \quad (33)$$

sera l'équation du plan tangent à la surface. En faisant varier indépendamment l'une de l'autre les deux arbitraires α et β, on obtiendra deux plans tangents infiniment voisins, et de la triple intersection de ces trois plans résulte un point qui n'est autre que le point de tangence, c'est-à-dire le centre cherché. On obtient ainsi les deux équations

$$x + \frac{dk}{d\alpha} = 0, \quad y + \frac{dk}{d\beta} = 0 \quad (34),$$

équations qu'il faut réunir à l'équation (33), et l'élimination de α, β entre ces trois équations donnera la surface cherchée ; mais cette méthode gé-

(28)

nérale est difficilement applicable : on peut y suppléer souvent par des considérations directes.

Si k est une fonction implicite, donnée par $\varphi(k, \alpha, \beta,) = 0$, on aura
$$\frac{d\varphi}{dk}dk + \frac{d\varphi}{d\alpha}d\alpha = 0, \quad \frac{d\varphi}{dk}x - \frac{d\varphi}{d\alpha} = 0, \text{ et de même } \frac{d\varphi}{dk}y - \frac{d\varphi}{d\beta} = 0,$$
et ces deux équations, jointes à $\varphi = 0$ et à $z = \alpha x + \beta y + k$, donneront, par l'élimination de α, β, k, la surface cherchée.

Le cas le plus simple est celui d'une sphère homogène flottante dont nous supposerons le rayon égal à 1, et dont D est la densité par rapport au liquide. Tant que la densité est plus petite que $\frac{1}{2}$, les moments d'inertie T' et R' de la ligne d'eau (voyez § 2) sont positifs et la surface des centres de flottaison est évidemment une surface de sphère qui, au point de tangence avec le plan de flottaison, tourne sa concavité vers le ciel ; elle est concentrique avec la carène et diminue à mesure que D s'approche de $\frac{1}{2}$. La surface des centres de carène est une autre surface sphérique concentrique, mais d'un rayon plus grand que celui de la précédente et l'enveloppant entièrement. Lorsque la densité est égale à $\frac{1}{2}$, T' et R' deviennent nuls, la carène étant verticale le long de la flottaison, ce qui annule le coefficient $\frac{1}{\sqrt{p^2+q^2}} = \cot. P$; la surface des centres de flottaison se réduit à un point, qui est le centre même de la sphère flottante. Dès que la densité surpasse $\frac{1}{2}$, la carène devient rentrante vers la flottaison, T' et R' sont négatifs; la surface des centres de flottaison forme encore une surface sphérique concentrique, mais située, cette fois, en dessous du plan de flottaison : elle grandit alors de plus en plus, tandis que la surface des centres de carène diminue sans cesse. Un moment ces deux surfaces coïncident ; enfin, la densité D continuant à croître, la surface des centres de flottaison enveloppe à son tour celle des centres de carène, et, lorsque la densité devient égale à 1, cette dernière se réduit au centre de la sphère, la première coïncidant alors avec la surface de la sphère flottante. Il n'est pas difficile de trouver la valeur de D pour laquelle les deux surfaces des centres de flottaison et de carène coïncident.

Soit h la distance égale du centre du flotteur aux centres de flottaison et de carène. En prenant dans les limites de la carène les intégrales du rapport
$$\frac{\int \pi(1-z^2)z\,dz}{\int \pi(1-z^2)\,dz}, \text{ on aura } \frac{\frac{1}{4}(1-2h^2+h^4)}{\frac{1}{3}(2+3h-h^3)},$$
et supprimant le facteur commun $(1+h)^2$, ce rapport devient $\frac{\frac{1}{4}(1-h)^2}{\frac{1}{3}(2-h)}$; on l'égalera à h, et l'on aura à résoudre l'équation $7h^2 - 14h + 3 = 0$; d'où $h = 1 \pm \sqrt{\frac{4}{7}}$: le signe inférieur donne seul une solution réelle, et l'on a alors

$$D = \frac{\frac{1}{3}(2+3h-h^3)}{\frac{4}{3}} = \frac{4+V\sqrt{\frac{4}{7}}}{7}.$$

Soit maintenant un flotteur ellipsoïde (fig. 5) : soient a, b, c trois demi-diamètres conjugués des x, des y et des z, le plan des xy étant toujours supposé horizontal : nous aurons $\frac{x^2}{a^2} + \frac{y^2}{b^2} + \frac{z^2}{c^2} = 1$ pour l'équation de la surface rapportée à ces lignes prises pour axes des coordonnées. Cherchons d'abord le centre de la flottaison parallèle au plan des xy.

A la distance $Op = h$ du centre de l'ellipsoïde, imaginons une section horizontale mn ; son équation sera

$$\frac{x^2}{a^2} + \frac{y^2}{b^2} = 1 - \frac{h^2}{c^2}, \quad \text{ou} \quad \frac{x^2}{a^2\frac{c^2-h^2}{c^2}} + \frac{y^2}{b^2\frac{c^2-h^2}{c^2}} = 1.$$

Si nous nommons φ l'angle que forment entre eux les deux diamètres conjugués horizontaux, nous aurons, par une formule connue,

$\pi ab \frac{c^2 - h^2}{c^2} \sin \varphi = $ l'aire de la section elliptique mn.

Si nous nommons ψ l'angle formé par l'axe des z avec l'horizon,

$\pi ab \frac{c^2 - h^2}{c^2} \sin \varphi \times dh \sin \psi$ mesurera le volume de la tranche horizontale infiniment mince. Soit X le volume total du segment PzQ situé au-dessous de la flottaison, on aura

$$X = \int_{-c}^{h} \pi \frac{ab}{c^2} \sin \varphi \cdot \sin \psi (c^2 - h^2) dh.$$

Dans le cas où $h = c$, on a $\frac{4}{3}\pi abc \sin \varphi \sin \psi$; c'est le volume de l'ellipsoïde entier. Divisant et supprimant les facteurs communs, nous aurons

$$D = \frac{X}{\text{ellipsoïde}} = \frac{\int_{-c}^{h}(c^2-h^2)dh}{\frac{4}{3}c^3} = \frac{\int_{-1}^{h'}(1-h'^2)dh'}{\frac{4}{3}},$$

en posant $h = ch'$; donc on aura $h' = f(D)$, $h = cf(D)$ (35).

Le centre de flottaison c est évidemment situé sur l'axe des z, c'est-à-dire sur le diamètre conjugué des plans diamétraux parallèles à la flottaison, et de plus, d'après l'équation (35), quelle que soit la position du flotteur, la distance Oc est dans un rapport constant avec cet axe des z. Ainsi, pendant que l'extrémité mobile z du rayon vecteur Oz de l'ellipsoïde parcourt, en se mouvant, la surface du flotteur, le rayon vecteur Oc proportionnel au précédent et coïncidant avec lui décrit, par son extrémité, la surface des centres de flottaison. Cette surface est donc un ellipsoïde semblable à l'ellipsoïde flotteur, concentrique avec lui et semblablement placé. On voit ainsi que, « pour « deux ellipsoïdes semblables et concentriques, le plan tangent à l'ellipsoïde « interne détermine dans le grand un segment de volume constant. »

Comme rien n'empêche de mesurer par des coordonnées obliques les moments de forces parallèles, le moment de la tranche horizontale à épaisseur dh pourra s'obtenir en multipliant son volume par h. Ainsi, nommant H l'ordonnée OC du centre de carène situé évidemment sur Oz, nous aurons

$$H = \frac{\int_{-c}^{h} \pi ab \sin \varphi \sin \psi \cdot \frac{c^2-h^2}{c^2} h\, dh}{\int_{-c}^{h} \pi ab \sin \varphi \sin \psi \cdot \frac{c^2-h^2}{c^2}\, dh} = \frac{\int_{-c}^{h} (c^2-h^2)h\, dh}{\int_{-c}^{h} (c^2-h^2)\, dh};$$

et, si nous remplaçons h par ch', nous aurons

$$\frac{H}{c} = \frac{\int_{-1}^{h'} (1-h'^2) h'\, dh'}{\int_{-1}^{h'} (1-h'^2)\, dh'} = \varphi(h') = F(D).$$

On aura ainsi la nouvelle équation $H = cF(D)$ \hfill (36).

La longueur OC est donc proportionnelle aussi à $c = Oz$, quelle que soit la position du flotteur, et le rayon OC engendre, par son extrémité mobile, un autre ellipsoïde semblable, concentrique au flotteur et semblablement placé. Les deux résultats que nous venons d'obtenir, ainsi que ceux relatifs à l'hyperbole, ont été d'abord obtenus par Bouguer (*Du Navire*, p. 270 et suiv.).

Si le flotteur était terminé, dans une portion de sa *partie émergée*, par une surface autre que celle de l'ellipsoïde, son volume total, au lieu d'être de la forme $\frac{4}{3} \pi abc \sin \varphi \sin \psi$, deviendrait $\frac{4}{3} \pi abc \sin \varphi \sin \psi \cdot K$, K étant un certain coefficient constant pour les diverses positions du flotteur, nous aurions alors $D = \frac{X}{K\,\text{ellipsoïde}}$, $KD = \frac{X}{\text{ellipsoïde}}$. L'équation (35) doit rester la même en y changeant D en KD; nous aurons donc $h = cf(KD)$ \hfill (37).

Nous avons, de plus, $H = c\varphi(h')$ et, par conséquent, $H = F(KD)$ (38).

Ainsi l'addition ou la soustraction d'un volume quelconque dans la partie émergée n'altèrent en rien les résultats, du moins tant que le flotteur, dans ses inclinaisons successives, ne parvient pas à plonger dans l'eau la partie non ellipsoïdale de sa paroi externe; seulement les surfaces de flottaison et de carène sont remplacées par celles qui conviendraient à un ellipsoïde intègre, dont la densité serait D multipliée par K.

Altérons maintenant la forme du flotteur, dans sa *partie immergée*, par l'addition ou la soustraction d'un volume égal à u. Soit toujours X le segment ellipsoïdal; soit U le volume total du flotteur, en ayant égard, s'il le faut, aux altérations qui peuvent avoir lieu dans la partie émergée; DU sera le volume de la carène, et nous aurons de la sorte $DU = X \pm u$ (39).

On en déduit $\frac{X}{U} = D \mp \frac{u}{U}$; et $\frac{X}{\text{ellipsoïde}} = \frac{U}{\text{ellipsoïde}}\left(D \mp \frac{u}{U}\right)$. Ainsi l'équation (35) restera encore la même, en y remplaçant D par le second membre de cette dernière équation. La surface des centres de flottaison n'éprouve donc alors d'autre altération qu'un changement dans son rapport de similitude.

Mais que deviendra, dans ce cas, la surface des centres de carène? Soit G (fig. 5) le centre de volume de la calotte additive ou soustractive gg'; son volume u doit être regardé comme concentré au point G, tandis que le volume X du segment ellipsoïdal l'est en C : le vrai centre de carène γ sera donc situé sur CG en un lieu tel que l'on ait γG égal à $CG\frac{X}{X \pm u}$. Ainsi, tandis que l'extrémité C du rayon vecteur GC mené par le point fixe G décrit l'ellipsoïde CD, le centre γ de la carène décrira l'ellipsoïde $\gamma\delta$ semblable au précédent, et dont G sera le *centre de similitude;* son centre de surface O' sera donc situé sur la droite OG à une distance $O'G = OG\frac{X}{X \pm u}$.

Tant que la partie non ellipsoïdale de la carène restera sous la flottaison, ce sera, en effet, cet ellipsoïde qui servira de lieu géométrique aux centres successifs de carène. Ainsi, en résumé, « l'addition ou la soustraction d'une
« calotte quelconque dans la partie émergée ne fait qu'altérer le rapport de
« similitude des ellipsoïdes des centres de flottaison et de carène avec celui du
« flotteur : si, de plus, l'on altère alors la partie immergée, le rapport de simili-
« tude change de nouveau pour la surface des flottaisons, et celle des centres
« de carène devient excentrique, son centre se rapprochant ou s'éloignant du
« centre de gravité de la calotte selon qu'elle est additive ou soustractive. »
Il est à remarquer que la ligne GO doit renfermer le centre de volume du flotteur, si celui-ci n'a pas été altéré dans sa partie émergée.

La méthode que nous venons d'employer est évidemment applicable à toutes les surfaces du second degré à centre, les hyperboloïdes, les surfaces coniques du second degré, etc.; mais ces surfaces sont à nappes indéfinies, et il est indispensable alors que le flotteur soit clos, au moins dans sa portion émergée ou immergée, par des surfaces différentes; c'est ce qui arrive, par exemple, pour le cône à sommet plongeant et le demi-hyperboloïde à deux nappes représentés fig. 6. Les surfaces des centres de flottaison et de carène sont alors d'autres hyperboloïdes semblables et concentriques, ayant pour asymptote la même surface conique LOL'; les équations ci-dessus resteront encore les mêmes, à la différence près des intégrales du segment hyperboloïdal X. Si la carène était altérée, les mêmes modifications, qui se sont déjà présentées à nous à propos de l'ellipsoïde, auraient encore lieu. On ramène assez facilement à ce cas celui du même flotteur placé dans une position inverse, et de telle sorte que le centre de figure de la surface du second degré formant la carène vers la flottaison soit situé au-dessus du niveau de l'eau; c'est ce que montre la fig. 7, qui représente un cône ayant son sommet en O et terminé inférieurement par une surface quelconque, par exemple, par le plan PQ. Le plan de flottaison FF' devant retrancher du cône un volume constant OFF', la surface cc' des centres de flottaison sera la même que si le cône trempait son sommet dans l'eau et était assujetti à avoir un volume immergé constamment égal à OFF'; ce sera un hyperboloïde dont O sera le centre, et qui aura le cône pour asymptote. On remarquera ensuite que la carène n'est plus représentée par $X \pm u$, mais bien par $u - X$, u étant alors le volume total du flotteur, et X représentant le segment FOF' constant de volume, mais variable de forme.

Soient, comme ci-dessus, G le centre de gravité de u et C celui de X; le vrai centre de carène γ sera sur la droite γGC à une distance $G\gamma = GC \dfrac{X}{u-X}$. Ainsi, tandis que le centre mobile du segment FOF' décrira par son extrémité C l'hyperboloïde CC' dont O est le centre et QOP le cône asymptotal, le rayon Gγ décrira par son extrémité γ l'hyperboloïde $\gamma\gamma'$, semblable au précédent, mais inversement disposé; G sera leur centre commun de similitude, et le centre O' sera déterminé par la condition d'être situé sur la droite OGO', à une distance $O'G = OG \dfrac{X}{u-X}$: on peut alors supposer construit le cône $p'O'q'$ dont les génératrices soient parallèles à celles du cône flotteur, et ce cône sera asymptote à l'hyperboloïde des centres de carène.

Dans le cas où la surface du second degré qui forme la paroi du flotteur est telle qu'elle n'a avec l'axe des z que des points de rencontre imaginaires, il est difficile d'arriver simplement à la surface des centres de carène sans employer la considération des imaginaires; c'est ce qui arrive pour l'hyperboloïde à une seule nappe; alors il faut changer c^2 en $-c^2$, et prendre $c\sqrt{-1}$ pour limite inférieure des intégrales qui donnent la valeur de H, dans les équations qui précèdent l'équation (36) : on en aura un exemple dans la discussion suivante.

Soit un ellipsoïde (fig. 8) dont O soit le centre de figure, FF' le plan fixe de flottaison, et PQ un plan fixe parallèle à FF' et qui détermine dans l'ellipsoïde la soustraction de la calotte $pzq = u$; soient toujours $FzF' = X$, $Oc = h$ et, de plus, $OL = k$. Le volume de u sera donné par

$$M \int_{-c}^{k} (c^2 - z^2)\, dz = \frac{1}{3} M (2c^3 - 3c^2 k + k^3),$$

en faisant $M = \pi \dfrac{ab}{c^2} \sin \varphi \sin \psi$; son moment sera

$$M \int_{-c}^{k} (c^2 - z^2)\, z\, dz = \frac{1}{4} M (-c^4 + 2c^2 k^2 - k^4) = -\frac{1}{4} M (c^2 - k^2)^2.$$

Le volume et le moment du segment X seront de même $\frac{1}{3} M (2c^3 - 3c^2 h + h^3)$ et $-\frac{1}{4} M (c^2 - h^2)^2$. Divisant la différence des moments par la différence des volumes, on aura

$$\frac{-\frac{1}{4} M (c^2 - h^2)^2 + \frac{1}{4} M (c^2 - k^2)^2}{\frac{1}{3} M(-3c^2 h + h^3) - \frac{1}{3} M(-3c^2 k + k^3)} = \left(\frac{h+k}{2}\right) \frac{c^2 - \dfrac{k^2 + h^2}{2}}{c^2 - \dfrac{k^2 + kh + h^2}{3}} = O\gamma \quad (40),$$

équation qui donne la position du centre γ de la carène $FpLqF'$ sur l'axe des z. Soit maintenant O' le centre de l'ellipsoïde formé par la surface des centres de la carène $FpLqF'$, soit G le centre de la calotte u, on doit avoir

$$OO' = OG \frac{2G}{GG} = OG \frac{u}{X - u};$$

or $OG \times u$ est le moment de la calotte u pris avec un signe contraire; donc

$$O'O = \frac{(c^2 - k^2)^2}{4(h - k)\left(c^2 - \dfrac{k^2 + kh + h^2}{3}\right)} \quad (41).$$

Faisons croître maintenant la longueur c de l'axe des z sans changer les axes a, b, ni la position du point O et des plans FF', PQ: k et h ne varieront pas; $O'O$ croîtra indéfiniment d'après l'équation (41): enfin pour $c = \infty$ l'ellipsoïde se change en un cylindre elliptique, $O'O$ devient infini lui-même, et l'ellipsoïde des centres de carène devient, dans ce cas, un paraboloïde elliptique : on a, de plus, $O\gamma = \dfrac{k + h}{2}$, comme on devait s'y attendre.

Concevons maintenant que c^2 passe de l'infini positif à l'infini négatif, le flotteur se changera en un hyperboloïde à une nappe; les formules (40) et (41) n'en continueront pas moins à subsister; le point γ s'abaissera de plus en plus, de manière à avoir pour limite l'extrémité de la longueur

$$\frac{\frac{1}{2}(k^2+h^2)}{\frac{1}{3}(k^2+kh+h^2)}\cdot\frac{k+h}{2};$$

mais le centre O' de l'hyperboloïde des centres de carène occupe alors la portion inférieure de l'axe des z, à cause du changement de signe de la longueur OO : ainsi cette surface est une des moitiés d'un hyperboloïde à deux nappes, dont le cône asymptote est parallèle au cône asymptote de l'hyperboloïde à une nappe qui forme la surface du flotteur; ainsi cette surface est entièrement déterminée.

Dans le cas de cylindres du second degré à génératrices parallèles à la surface de l'eau et clos par deux plans normaux aux génératrices, on observe encore des faits analogues pour les inclinaisons autour d'une parallèle à ces génératrices; la section normale étant alors une courbe du second degré à centre, les courbes des centres de carène et de flottaison seront des courbes homologues et concentriques. Dans le cas où le cylindre devient un prisme, les deux faces latérales qui limitent la flottaison donnent, dans la section verticale normale aux génératrices, deux droites qui, en général, se coupent, étant suffisamment prolongées. Le système formé par ces deux droites est un cas particulier de l'hyperbole; ainsi, dans ce cas, la surface des centres de flottaison doit être elle-même une hyperbole. Le système des deux droites forme le système des asymptotes de cette hyperbole. Si les deux faces rectangles du prisme flotteur, côtés latéraux de la carène vers la flottaison, ferment, par leur intersection sous l'eau, la partie immergée de la carène, la courbe des centres de cette carène sera une hyperbole concentrique et semblable; mais, dans le cas contraire, cette courbe changera de centre d'après la même loi que nous avons exposée ci-dessus. Quant aux volumes additifs ou soustractifs qui altèrent la partie émergée, nous savons que nous pouvons, au besoin, les enlever ou les rétablir, en nous bornant à modifier en conséquence la densité du flotteur. Si les deux faces latérales étaient verticales, la courbe des centres de carène serait une parabole, comme l'établit Vial du Clairbois (Arch. navale, p. 297).

Nous terminerons en disant un mot du paraboloïde elliptique : concevons (fig. 5) que, le point z restant le même, le centre O de l'ellipsoïde s'éloigne jusqu'à l'infini : à la limite, la surface du flotteur devient un paraboloïde elliptique. Dans ce mouvement, le centre de figure des ellipsoïdes CD, cd s'éloigne aussi à l'infini : ceux-ci se changent donc en paraboloïdes elliptiques semblables à la surface du flotteur, et susceptibles de coïncider avec elle par voie de superposition. Le cas où le paraboloïde plongerait dans l'eau par sa partie évasée n'offre aucune difficulté, après l'exemple analogue que nous avons discuté à propos du cône de la fig. 7.

Ainsi, en thèse générale, « les flotteurs dont la paroi vers la flottaison est
« formée par une surface du second degré ont pour surface des centres de
« leurs flottaisons une surface de second degré, semblable, concentrique et
« semblablement placée : la surface de leurs centres de carène est aussi du
« second degré, semblable à la carène et semblablement placée ; mais elle ne
« lui est concentrique que dans le cas où la surface de second degré du
« flotteur clôt de toutes parts la partie immergée de la carène. »

On pourrait se demander quelle influence exerce sur nos surfaces l'addition d'une calotte d'épaisseur égale sur toute la surface de la carène, y compris la flottaison : les opérations que les marins nomment le *bordage*, le *soufflage* sont de cette nature. On pourrait, comme l'a fait Bouguer pour les stabilités, étudier l'influence d'un accroissement proportionnel dans la valeur soit des ξ, soit des n, soit des z ; mais ceci nous offrirait peu de difficultés et nous entraînerait d'ailleurs hors des limites naturelles de notre travail.

§ 5. *De l'équilibre et de la stabilité du flotteur.*

Tout ce que nous avons dit dans les précédents paragraphes dépendait uniquement de la forme des parois du flotteur, et de sa *densité moyenne* supposée connue ; mais le flotteur étant hétérogène dans ses divers éléments, nous avons aussi besoin de connaître la position de son centre de gravité pour pouvoir déterminer ses positions d'équilibre.

Au centre de gravité est appliqué le poids vertical du corps ; au centre de carène, la poussée verticale du fluide : nous savons déjà que ce dernier centre doit être situé, pour l'équilibre, sur une certaine surface que nous avons appris à construire, et que, cette condition étant remplie, les deux forces verticales sont égales et contraires ; mais il faut, de plus, qu'elles soient directement opposées et que leurs points d'application soient sur une seule et même verticale. Ainsi toutes les positions d'équilibre nous seront données par les droites que nous pourrons mener du centre de gravité perpendiculairement à la surface des centres de carène : plaçons, en effet, le flotteur de telle sorte que le pied de la normale devienne le centre de la carène ; cette normale sera verticale, et les conditions d'équilibre seront réalisées.

La fig. 2 nous offre une de ces positions d'équilibre dans laquelle G est le centre de gravité, situé sur la verticale CD : soit CD′ la normale correspondant à une position infiniment voisine, et menons de G sur CD′ la perpendiculaire Ga : les deux forces verticales ayant cessé de coïncider pour cette nouvelle position, il en résultera un moment dont le bras de levier sera Ga et qui tendra à faire tourner le corps autour de son centre de gravité G ; selon que G sera situé au-dessus ou au-dessous du métacentre m, l'équilibre sera évidemment stable ou instable.

Si nous nommons α la distance CG, et observons que $Cm = s = \frac{\int r^2 d\lambda}{V} = \frac{S}{V}$, le signe de $\frac{S}{V} - \alpha$ ou de $S - V\alpha$ nous dira si l'équilibre est stable ou instable ; la longueur $Gm = \frac{S}{V} - \alpha$ a été nommée le *bras de levier* du navire par les auteurs qui se sont occupés de l'Hydrostatique navale.

Ici il peut se présenter trois cas, à cause des diverses valeurs de S, ce moment étant susceptible d'une valeur *maximum* T, d'une valeur *minimum* R et de toutes les valeurs intermédiaires : 1° $\alpha < \frac{R}{V} < \frac{T}{V}$; l'équilibre est nécessairement stable et le rayon GC est un *minimum* parmi tous les rayons vecteurs voisins GC, GC' que l'on peut mener de G à la surface des centres de carène : 2° $\alpha > \frac{T}{V} > \frac{R}{V}$; l'équilibre est alors nécessairement instable, et le rayon GC est un *maximum* parmi tous les rayons vecteurs voisins : 3° $\alpha > \frac{R}{V}$, et $< \frac{T}{V}$; dans ce cas l'équilibre est stable pour les inclinaisons de tangage et les inclinaisons voisines, il est instable pour celles de roulis et leurs voisines : le rayon vecteur GC est un *minimum* relativement aux courbes correspondantes aux premières inclinaisons, il est un *maximum* pour les autres. Comme, de plus, les causes de perturbation du flotteur sont censées pouvoir s'exercer dans un sens quelconque, l'équilibre est *instable par le fait*.

Ainsi, « pour que l'équilibre d'un flotteur soit stable, son centre de gravité « doit être situé au-dessous du plus bas métacentre, du métacentre de la ligne « de courbure dont la courbure est un *minimum*. »

Ce serait une erreur de croire que, conformément à un principe bien connu de Mécanique, le centre de gravité du flotteur est le plus bas possible dans la position d'équilibre stable, ce serait mal entendre le principe de Mécanique auquel nous faisons allusion ; mais le centre de gravité du système formé par le flotteur et le liquide environnant doit être et est, en effet, le plus bas possible dans l'équilibre stable, comme il nous sera actuellement facile de le démontrer.

Remplaçons idéalement la carène par le même volume en liquide, et prenons pour origine des coordonnées le centre de volume de tout l'espace qu'occupe alors la masse liquide totale, sur laquelle nageait le flotteur : soit P le poids de toute cette masse liquide; soit p celui du flotteur, égal au poids du volume de liquide que déplaçait la carène; soit C l'ordonnée verticale du centre de cette carène. Par le rétablissement du flotteur, le poids total P du système ne sera pas altéré; mais le centre de gravité de ce même système changera, et, en nommant G l'ordonnée verticale du centre de gravité du flotteur, le centre de gravité de tout le système aura pour ordonnée verticale $\frac{G \times p - C \times p}{P} = \frac{p}{P}(G - C)$. Cette ordonnée sera donc un *minimum*, lorsque G—C, distance verticale qui sépare les centres G et C (fig. 2), sera elle-même un *minimum* : c'est ce qui arrive, en effet, dans le premier des trois cas énumérés, cas représenté par la fig. 2. Car soit Gx (même fig.) l'ordonnée verticale interceptée sur la ligne Gx normale au plan tangent d'un centre de carène voisin tel que C''; on aura évidemment GC < Gi par la théorie des rayons de courbure; donc aussi, *à fortiori*, GC < Gx. Ainsi, dans la position d'équilibre stable, l'ordonnée verticale G—C du centre de gravité du système total est nécessairement un *minimum*, et ce centre de gravité est ainsi le plus bas possible. Si l'on suppose la surface des centres de carène posée sur un plan horizontal fixe et pouvant rouler en tous sens sur ce plan, on voit que la ligne variable Gx, qui mesure constamment la hauteur du centre de gravité au-dessus de ce plan fixe, mesure aussi, au moyen du coefficient fixe $\frac{p}{P}$, les mouvements de hausse ou de baisse du centre de gravité de tout le système; la surface cycloïdale engendrée par le point G dans ce mouvement est très-propre à nous représenter, par les variations de ses ordonnées verticales, les variations correspondantes de celles du *centre de système*.

Nous pourrions appliquer la même discussion aux deux autres cas que nous avons examinés plus haut, et nous trouverions que, lorsque l'équilibre est instable, l'ordonnée G—C=Gx est un *maximum*, le centre G étant alors le plus haut possible par rapport au plan fixe horizontal sur lequel est censée rouler la surface des centres de carène. L'équilibre *instable mixte* appartient aux positions de G, pour lesquelles le plan tangent de la surface cycloïdale est horizontal, et telles que la hauteur du centre G réunisse les deux états de *maximum* suivant l'un, et de *minimum* suivant l'autre des deux sens rectangulaires entre eux des lignes de courbure.

Les différents centres qui fournissent des positions d'équilibre satisfont tous à la condition, que le plan tangent en C soit perpendiculaire au rayon vecteur GC, et, si l'on mène par le point G un axe arbitraire GT, le plan tangent doit être normal au plan TGC passant par ce rayon vecteur. Si donc on imagine une surface de révolution ayant GT pour axe, et tangente à la surface des centres de carène ; la ligne de tangence de ces deux surfaces devra passer par le point C. Cette ligne de tangence, résultat de l'intersection de deux positions infiniment voisines de la surface des centres de carène assujettie à tourner autour de l'axe GT, sera du genre des courbes que l'on nomme *courbes caractéristiques*, ou *courbes directrices*. Si l'on imaginait par le point G un autre axe, l'on aurait une nouvelle caractéristique relative à ce nouvel axe de révolution, et elle devrait aussi renfermer tous les centres de carène correspondants aux diverses positions d'équilibre du flotteur : ainsi toutes les positions d'équilibre seront données par les intersections de ces caractéristiques entre elles.

Nous prendrons pour unique exemple un ellipsoïde flottant, à axes inégaux, dont le centre de gravité occupe précisément le centre de figure. Nous savons que, dans ce cas, la surface des centres de carène est un autre ellipsoïde semblable et semblablement placé : soient A son demi-axe des x, B le demi-axe des y, C le demi-axe des z; soit $A>B>C$, et pour simplifier prenons pour axe arbitraire de rotation l'axe des x lui-même. La caractéristique correspondante se composera évidemment de deux ellipses rectangulaires entre elles, dont l'une sera la section faite dans l'ellipsoïde par le plan des xy, et l'autre celle faite par le plan des xz, cette dernière correspondant à la *surface-enveloppe* intérieure à l'ellipsoïde. La caractéristique relative à l'axe des y pris pour axe de rotation se composera de même de l'ellipse située dans le plan des xy et de celle située dans le plan des yz. Les trois ellipses distinctes ainsi obtenues se coupent en six points, aux extrémités des trois axes : ce sont en effet, comme cela est évident *à priori*, les six centres de carène qui correspondent aux six positions d'équilibre possibles.

Au lieu de concevoir que le flotteur roule sur un plan horizontal, en s'appuyant sur la surface de ses centres de carène, on peut le concevoir roulant sur le plan horizontal formé par le niveau du liquide, en s'appuyant sur la surface de ses flottaisons. Dans ce mouvement, le flotteur est constamment en équilibre, quant au volume de liquide qu'il doit déplacer : de plus, le centre de gravité décrit alors, relativement au plan fixe, une surface particulière très-propre à nous faire connaître la position du centre de gravité du corps relativement au niveau du liquide. Ainsi, en continuant à prendre pour axe des x l'axe autour duquel se font les inclinaisons du corps, et nommant x', y', z' les coordonnées du centre de flottaison et X, Y, Z les coordonnées mobiles du centre de gravité, on aura, pour une inclinaison θ du flotteur, les équations suivantes $\delta X = 0$, $\delta Y = \theta Z$, $\delta Z = -\theta(Y-y')$, qui sont rendues évidentes par l'inspection de la fig. 1, où G tourne autour d'un certain point φ de l'axe ab, et décrit l'élément Gg parallèle au plan des yz. Ces équations montrent que $X = $ const., et qu'ainsi la courbe décrite par le centre de gravité dans ce mouvement est située dans un plan parallèle aux yz : de plus la simultanéité des valeurs $\delta Y = 0$, $Z = 0$ montre que cette courbe cycloïdale traverse perpendiculairement le plan des xy. Dans ce mouvement de la surface des centres de flottaison, c'est sur la courbe $cc'c''$ que se font les contacts successifs, comme si la surface était remplacée par le cylindre tangent à génératrices parallèles à ab, et la trace de ce cylindre sur le plan des yz donne, en roulant sur l'axe des y et entraînant dans ce mouvement la projection de G, précisément la courbe cycloïdale que décrit ce même point G. Les hauteurs *maxima* et *minima* de ce centre auront lieu pour les points où $\delta Z = 0$, ce qui nécessite déjà $Y = y'$. On prouverait de même, en suivant la courbe rectangulaire à $cc'c''$, que l'on doit avoir pour ces mêmes points $X = x''$: ceci nous indique que le centre de gravité est alors sur la même verticale que le centre de flottaison c. Ainsi c'est en abaissant du centre de gravité G des normales sur la surface des centres de flottaison que l'on obtient les positions de plus grande et de plus petite hauteur et, par suite, l'étendue des excursions de ce centre de gravité dans le sens vertical, pendant les inclinaisons du flotteur.

On voit par là bien clairement qu'en général le flotteur ne peut avoir de mouvements autour de sa position d'équilibre stable, sans que son centre de gravité n'exécute des mouvements de hausse et de baisse simultanés; si ces mouvements ne sont pas un résultat des perturbations initiales de l'équilibre, ils sont la conséquence des mouvements angulaires oscillatoires.

Notre but n'est pas ici de donner la théorie générale de ces petites oscillations, ce qui nous entraînerait trop loin; on peut consulter à ce sujet le cours de Bezout pour la Marine, t. 5 : cependant nous devons en dire ici quelques mots. D'abord, si le navire est soumis aux oscillations de tangage, le moment qui tend à redresser le navire a évidemment pour expression $p \theta \left(\dfrac{T}{V} - \alpha \right) = p \theta (t - \alpha)$, p étant le poids total du navire; les moments sur les autres plans sont nuls. Soit maintenant MK^2 le moment d'inertie du corps autour de l'axe horizontal *transversal* passant par le centre de gravité, M représentant la masse de ce corps; le moment de la somme des forces motrices développées par le mouvement d'oscillation sera, comme on sait, $MK^2 \dfrac{d^2 \theta}{dt^2}$; donc,

$$MK^2 \frac{d^2 \theta}{dt^2} = -p\theta(t-\alpha) = -Mg.\theta(t-\alpha), \quad K^2 \frac{d^2 \theta}{dt^2} = -g(t-\alpha)\theta \quad (42).$$

Cette équation indique un mouvement pendulaire, et peut se comparer à celle du mouvement du pendule simple ayant l pour longueur, laquelle est exprimée par $l \dfrac{d^2 \theta}{dt^2} = -g\theta$. On identifiera les deux mouvements en faisant

$$l = \frac{K^2}{t-\alpha} \qquad (43),$$

équation qui nous donne la longueur du pendule simple isochrone aux oscillations de tangage du flotteur.

Soient maintenant τ le temps de l'oscillation, a l'amplitude, u la vitesse angulaire *maximum*; les deux équations pendulaires $\tau = \pi \sqrt{\frac{l}{g}}$, $u = a\sqrt{\frac{g}{l}}$ nous donneront toutes les circonstances du mouvement de tangage, en y remplaçant l par sa valeur tirée de l'équation (43); bien entendu que le centre de gravité est censé immobile, ce qui n'a réellement lieu que pour $Y = y$.

On aura des résultats tout à fait analogues, pour les mouvements de roulis, au changement près de t en r et de MK^2 en MH^2. Le moment qui tend à redresser le navire a pour valeur $p(r-\alpha)\xi$, et le coefficient $p(r-\alpha)$ est ce que tous les auteurs ont nommé *moment de stabilité*, ou plus simplement *stabilité* du navire. Il est à remarquer que, dans ce cas, il se produit des moments autres que ceux dirigés dans le plan vertico-transversal du navire, et le mouvement se complique d'oscillations différentes.

Si maintenant nous faisons abstraction du mouvement du centre de gravité, le corps flottant se trouvera exactement dans les mêmes circonstances que s'il était assujetti à osciller sur un plan horizontal, en s'appuyant tangentiellement sur ce plan, au moyen de la surface de ses centres de carène : la pression normale du plan remplacera la poussée verticale du fluide. N'ayant égard ici qu'aux oscillations infiniment petites autour de la position d'équilibre, nous pouvons remplacer l'élément de surface qui avoisine le centre de carène relatif à cette position, par un élément analogue de la surface d'un ellipsoïde osculateur, dont le plus petit des trois axes sera vertical, si l'équilibre est stable.

Soient C, B, A les trois demi-axes parallèles aux z, aux η, aux ξ; les deux rayons de courbure principaux de l'extrémité inférieure de l'axe des z seront $t = \frac{B^2}{C}$, $r = \frac{A^2}{C}$, ce qui nous donne deux relations entre les trois axes. Si l'on s'astreint, en outre, à la condition que le centre de volume de cet ellipsoïde coïncide avec le centre de gravité du corps, on aura $C = \alpha$, $B = \sqrt{\alpha t}$, $A = \sqrt{\alpha r}$. Par là, les mouvements angulaires du flotteur deviennent les mêmes que ceux d'un ellipsoïde pesant, dont le centre de gravité et le centre de volume coïncident, et qui oscille sur un plan horizontal autour de sa position d'équilibre stable.

Enfin l'on peut demander quelle est l'influence exercée sur la position du centre de gravité par un changement de poids dans l'intérieur du navire; cette question est importante dans la pratique, et son étude nous paraît utile ici pour compléter ce que nous devions dire au sujet de la position de ce centre et de l'influence qu'elle exerce sur l'équilibre du corps.

Le changement dans les poids peut opérer trois ordres de phénomènes : 1° il peut changer la hauteur du centre de gravité, en l'élevant ou l'abaissant sur sa verticale, ce qui ne change pas la position d'équilibre du flotteur, et en modifie seulement la stabilité ; 2° il peut porter le centre de gravité horizontalement, soit vers l'avant, soit vers l'arrière, ce qui change l'inclinaison de la quille et la *différence des tirants d'eau* relative à la position d'équilibre; 3° enfin il peut déplacer ce centre latéralement, ce qui modifie encore l'équilibre du flotteur, en tendant à coucher le navire, à le *mettre à la bande.*

Soit toujours p le poids total du flotteur, soit ϖ le poids du corps déplacé, par exemple de l'arrière à l'avant; soient y_1, y_2 les deux abscisses successives du centre de gravité de ce corps, avant et après le déplacement, ces abscisses se comptant sur l'axe longitudinal ; soient enfin Y l'abscisse du centre de gravité du flotteur et ΔY sa variation : on aura

$$Y + \Delta Y = \frac{pY - \varpi y_1 + \varpi y_2}{p}, \quad \Delta Y = \frac{\varpi(y_2 - y_1)}{p} = \frac{\varpi}{p} \Delta y,$$

en posant $y_2 - y_1 = \Delta y$ déplacement longitudinal du centre de l'objet déplacé. Joignons maintenant (fig. 2) le nouveau centre de gravité a ainsi obtenu avec le métacentre K relatif au tangage : KC' sera une nouvelle normale à la surface des centres de carène, et indiquera la verticale nécessaire à la nouvelle position d'équilibre. Soit donc $CKC' = \theta$: nous aurons

$$\theta = \frac{\Delta Y}{KG} = \frac{\varpi \Delta y}{p\left(\frac{T}{V} - \alpha\right)} = \frac{\varpi \Delta y}{p(t - \alpha)} \qquad (44).$$

Cette équation donne l'angle dont la quille s'est inclinée, et, si on multiplie cet angle par la longueur L de l'axe longitudinal, $\frac{\varpi \Delta y}{p(t - \alpha)}$ L sera la variation de la différence des tirants d'eau. En vertu du même changement, le rayon de courbure t varie d'une quantité δt que nous avons appris à évaluer. Le rayon de courbure r relatif aux inclinaisons de roulis varie lui-même, et, pour obtenir cette variation, reportons-nous à la fig. 4. Nous savons déjà que $\frac{\theta y d\sigma}{V\sqrt{p^2+q^2}}$ mesure l'élément différentiel de l'espace en croissant compris entre les deux flottaisons successives rapportées l'une sur l'autre : $\frac{\theta y d\sigma}{V\sqrt{p^2+q^2}} x^2$ est son moment d'inertie autour de l'axe des y. Nous aurons ainsi $\int \frac{\theta y d\sigma}{V\sqrt{p^2+q^2}} x^2$ pour la variation du moment d'inertie relatif aux inclinaisons de roulis, et, si nous remplaçons les coordonnées x et y par ξ et η, nous aurons $\delta r = \dfrac{\theta}{V} \int \dfrac{\xi^2 n d\sigma}{\sqrt{p^2+q^2}}$ (45), équation qui nous donne la variation du métacentre de roulis, et par suite du bras de levier du navire.

Pour le déplacement transversal des poids, nous aurions une formule analogue à la formule (44), savoir, $\theta = \dfrac{\varpi \Delta x}{p(r-a)}$ (46).

On se sert même quelquefois de ce dernier déplacement pour calculer par expérience la valeur du bras de levier $r - a$, en mettant la formule (46) sous la forme $r - a = \dfrac{\varpi \Delta x}{p \theta}$. On connaît le poids ϖ du corps déplacé, et la valeur Δx du déplacement qu'a éprouvé son centre de gravité : on a calculé préalablement le poids total p du navire, et l'on mesure θ au moyen d'un fil à plomb suspendu en un point élevé de la mâture. Lorsque l'angle θ devient considérable, cette formule perd de sa précision ; mais on retrouvera toujours la nouvelle position d'équilibre, en menant par le nouveau centre de gravité une normale à la surface des centres de carène.

Lorsque la courbe métacentrique relative au roulis élève vers le ciel ses deux branches de rebroussement (voyez fig. 9), le déplacement transversal GG' du centre de gravité ne nuit aucunement à la stabilité du navire et tend même plutôt à l'augmenter par l'augmentation évidente qui en résulte dans le bras de levier : il est très-essentiel, toutefois, que l'inclinaison n'aille pas jusqu'au point de faire pénétrer le liquide extérieur, soit par les ouvertures latérales, telles que *sabords*, *dalots*, etc., soit par-dessus la muraille même du navire, circonstance qui nuirait beaucoup à sa stabilité par la suppression instantanée d'une partie plus ou moins considérable des pressions latérales destinées à le contre-tenir. Il peut arriver aussi que les deux branches aillent en descendant à partir du point de rebroussement, comme on peut le voir entre autres dans le cas où la surface des centres de carène est un ellipsoïde dont le plus petit axe est vertical : dans ce cas, la courbe CC' aurait pour osculatrice de quatrième ordre une ellipse dont l'extrémité inférieure du petit axe serait en C, et le rayon de courbure en ce point serait un *maximum* relativement à ceux des points voisins. Cette disposition est éminemment défectueuse, comme l'a très-bien remarqué Bouguer : aussi les constructeurs doivent l'éviter avec soin, et peu de navires offrent dans la partie de leur carène avoisinant la flottaison la conformation propre à réaliser ce cas, dans lequel le déplacement latéral GG' nuirait beaucoup à la stabilité.

Il nous reste un mot à dire du déplacement des poids en hauteur. En nommant Δz le déplacement du centre de gravité de l'objet déplacé, l'on aura

$\Delta Z = \frac{\pi \Delta z}{p}$; du reste, l'équilibre ne change point. Si les poids ont été abaissés, le bras de levier augmente de ΔZ, par suite de la diminution de la longueur G C, et la stabilité ne peut qu'y gagner : l'élévation des poids affaiblit, au contraire, le bras de levier de cette même variation; en cela elle est nuisible à la stabilité, et l'on doit prendre garde d'en abuser.

Je ne m'arrête point à quelques autres questions dont les formules ont la plus grande analogie avec les précédentes : telles seraient celle des déplacements produits sur le centre de gravité par l'addition ou la soustraction d'un poids, celle de l'abaissement du lest par l'agrandissement des fonds du navire, etc.: elles sont plutôt pratiques que théoriques. En voilà assez, sans doute, pour montrer que l'étude de l'équilibre des corps flottants, dont l'origine bien connue nous rappelle le plus grand géomètre de l'antiquité, peut intéresser à la fois le marin par son utilité pratique et le géomètre par les considérations théoriques qui s'y rattachent.

FIN.

www.ingramcontent.com/pod-product-compliance
Lightning Source LLC
Chambersburg PA
CBHW071755200326
41520CB00013BA/3264